中国式电荒的
演进与应对

吴　疆　著

U0333325

科学技术文献出版社

SCIENTIFIC AND TECHNICAL DOCUMENTATION PRESS

·北京·

图书在版编目（CIP）数据

中国式电荒的演进与应对 / 吴疆著. —北京：科学技术文献出版社，2015.7
ISBN 978-7-5023-9396-0

Ⅰ.①中… Ⅱ.①吴… Ⅲ.①电力系统—用电管理—中国 Ⅳ.① TM73

中国版本图书馆 CIP 数据核字（2014）第 202153 号

中国式电荒的演进与应对

策划编辑：周国臻 责任编辑：周国臻 赵 斌 责任校对：赵 瑗 责任出版：张志平

出 版 者	科学技术文献出版社
地 址	北京市复兴路15号 邮编 100038
编 务 部	(010) 58882938，58882087（传真）
发 行 部	(010) 58882868，58882874（传真）
邮 购 部	(010) 58882873
官 方 网 址	www.stdp.com.cn
发 行 者	科学技术文献出版社发行 全国各地新华书店经销
印 刷 者	北京时尚印佳彩色印刷有限公司
版 次	2015 年 7 月第 1 版 2015 年 7 月第 1 次印刷
开 本	710×1000 1/16
字 数	206千
印 张	12.25
书 号	ISBN 978-7-5023-9396-0
定 价	98.00元

前　言

自幼高度近视，对光明格外敏感。生于20世纪70年代初，停电轮休是童年记忆中难忘的一部分。学电管电研究电20多年，如何不停电少停电、如何应对电荒维护光明是自己心中最基本的职业操守——由此，对于中国电荒话题的关注也最为敏感而持久、系统而独家。

21世纪初，"电荒"一词不胫而走。"缺电背景下电力企业的经营风险"是笔者在北京电力公司政研室最早独自承担的课题之一（2004年），也是从基层技术性工作（电网调度员）转型到研究行业、研究政策、研究宏观的最初视角之一。

2003—2006年，面对装机短缺的硬缺电，中央、地方、行业内外齐心协力，以装机倍增为标志实现了中国电力的一波大发展；但时隔不久的2008奥运之年，6～8月间拉闸限电省份再次超过10个，这奥运盛事中的一抹不和谐，也使笔者意识到电荒又进入新阶段。

《2008，电力危机与应变》在《中国电力报》等媒体发表，首次提出了改革开放以来中国电荒3个阶段、3种类型的理念。但或因纠结于煤电矛盾利益博弈，或因对电荒话题已"审美疲劳"，业界对此反应麻木，中国电荒的应对进入温水青蛙状态。

2009年两会前夕，笔者作为特约经济分析师接受新华社专访，从资源价格体系的角度分析了电煤矛盾及电荒问题，提出了高价格—高税收—高补贴—强监管的宏观治理"组合拳"理论，进一步明确了自己对于中国电力管制与发展的一些基本理念。

2011年，笔者以《中国电力：在应对电荒中前进》、《从今年"电荒"新特点看深层次矛盾》等相关文章在《上海证券报》、《改革内参》等媒体继续讨论电荒问题。其中在中欧能源论坛上的演讲，不仅受到外方重视而被邀赴欧交流，还得到著名经济学家、国家发改委学术委员会秘书长张燕生先生的关注。

2012年，国家发改委宏观经济研究院与中国香港经纶国际经济研究院共同开展"佛山故事"大型课题研究，笔者受邀承担了14个子课题之一"电力供应与保障"部分的研究，并得到了佛山供电局、广东省电力公司、南方电网公司、广东省经信委、南方电监局等相关单位的多方帮助。通过这个更加宏观的平台，进一步开阔了视野与思路，对于案例式研究方法也有了亲身体验。

在"佛山故事"的案例研究中，笔者进一步体会到现代电力产业的系统性与协调性。佛山一地的电力供应与保障，难以脱离广东乃至全国的大背景。于是主动将孤立的案例进行研究，上升为国家/广东省/佛山市3个层面电荒演进与应对的全景式总结分析，成为中国经济社会发展所走过的不凡历程的又一写照。

在此基础上，进一步总结了应对电荒的基本经验与规律，提炼出了7条技术路线与6条政策逻辑。对于电荒形成机制进行了探讨，并对国家/广东省/佛山市未来的电荒诱因进行了具体分析，提出了面向未来的政策建议。由此，"佛山故事"案例研究，上升为《中国式电荒的演进与应对》，形成研究中国电力的一个新视角。

中国式电荒的演进与应对，核心是管制与发展问题。电是系统性和协调性要求最高的现代大系统，不同时空、不同类型、不同程度的所谓"电荒"普世常见。在此背景下，电力产业如何合理管制、科学发展并不断提高产业价值？国家、地区、城市等不同层面如何保障民生发展产业并继续获得更多的价值？

如果说，市场化、国际化所反映的机制变革，工业化、城镇化、国际化所反映的结构变迁都属于生产关系范畴，那么电气化、信息化、智能化则代表了生产力的发展进步。电是人类高级生产力的代表，《中国式电荒的演进与应对》反映了电气化与工业化、城镇化，与国际化、市场化之间的深度互动，同时再次印证了持续进步、价值提升的电气化是现代经济社会发展的必需。

目　录

电力是中国最受重视的基础设施领域，被誉为"国民经济晴雨表"、"经济建设先行官"。但几十年来，从全国到地方，像佛山这样的很多城市，电力短缺都已成为一个长期存在的现象。或者说，电力行业与电荒的博弈，各个层面、各级城市对电荒的应对，已经成为其发展方式的一部分。中国式电荒的演进与应对，是中国经济社会发展所走过的不凡历程的又一写照。

一、电荒概述

电力具有生产/使用瞬间平衡的技术经济特性，是对系统协调性和整体性要求最高的现代产业，如果供大于求则出现设备闲置，而严重的供不应求则形成电荒。自新中国成立以来，中国长期缺电，电荒不仅抑制国民经济发展、影响人民生活水平而且威胁社会正常秩序，对于电力行业本身也具有放任粗放发展、降低系统裕度、增加安全隐患等严重负面作用。由于电力生产/使用瞬间平衡的技术经济特性，绝对的供需平衡是不可能维持的，所谓短缺或过剩总是难免的。因此，一方面应努力使短缺或过剩控制在一定的幅度范围以内，另一方面则必须坚持积极应对电荒、宁多勿少的基本原则。

现代化大电网的复杂物理结构，使电力供需又具有分层分区的特点，而中国幅员辽阔、国情复杂，更使电荒问题呈现鲜明的空间与层次特征。佛山在电力供需方面也必然有不同于广东全省的特殊情况——但随着中国经济社会发展与电力系统扩展，全国各省、各地区之间的电力供需问题又日益具有密不可分的相互联系，佛山（广东）的电荒问题已不可能仅仅在其内部解决。因此，以下将从全国/广东/佛山3个不同层面进行分析与研究。

（一）全国层面

1. 习惯性拉黑——电荒的长期性

电荒，即非事故性的大量限电停电现象。之前的标准是电荒省份超过10个则可认定为全国性电荒。新中国成立以来，中国长期遭受"电荒"困扰。改革开放以后，为满足经济社会发展需求，电力行业及各级政府为应对电荒均做出了持续的努力与不懈的探索。而如图1所示，中国发电利用小时数长期高于世界平均水平且波动显著，这既是人为计划管制以及煤电高比重的反映，又是电荒程度的形象反映，平均利用小时数超过5000小时、火电机组小时数超过5500小时，在中国通常都意味着全国性电荒的来临，2008年之后又出现此传统经验值之下的新型电荒。最终，1978年至今，中国出现电荒的年份依然占到全部年份的80%，成为中国经济社会生活中的一种常态。

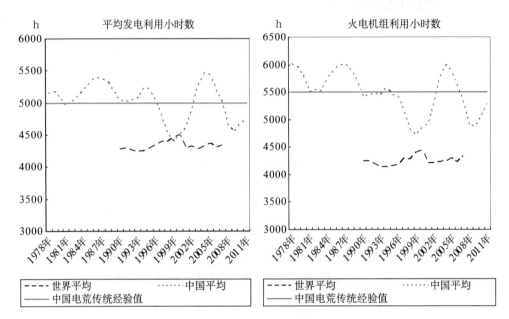

图1 1978—2011年中国及世界发电设备利用小时数

具体数据详见附表1。

2. 镣铐舞者——电荒的成长性

电荒长期困扰中国，但在电荒的同时，又是国民经济的高速增长以及电力建设的跨越式发展。1978—2010年，中国国内生产总值年均增长9.9%，同期全社会用电量的年均增长速度也达到9.2%。如图2所示，改革开放以来中国发电量、装机容量的发展态势与国内生产总值的增长高度吻合，2011年分别达到1978年的18.4倍及18.5倍；另外35kV及以上输电线路长度、变电设备容量则分别达到6.1倍及30.6倍（具体数据详见附表2）。

3. 电气化——电荒的阶段性

改革开放以来，中国经历了典型的工业化和城市化进程，相伴的则是电气化信息化的长足发展，构成了中国式电荒的又一重要背景。如图3所示，1978—2010年，中国电力消费弹性系数在绝大多数年份都高于能源消费弹性系数，电能占终端能源消费比重、电力消费能源在一次能源中的比重也呈持续增长态势，已经接近发达国家工业化城市化后期水平（数据详见附表7），由此造成中国单位产值能耗与电耗的走势显著反向，在单位产值能耗总体走低的同时单位产值电耗总体攀升，也在一定程度上推动了电荒的延续。

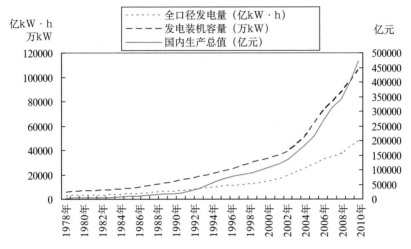

图2　1978—2011年中国全口径发电量、装机容量及GDP

具体数据详见附表3。

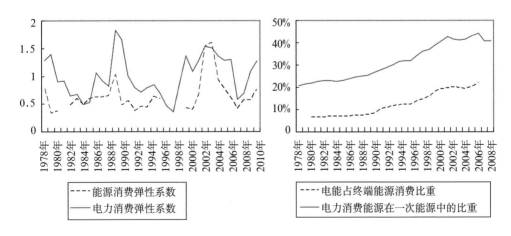

图3　1978—2010年中国电气化发展主要指标

具体数据详见附表4、附表5。

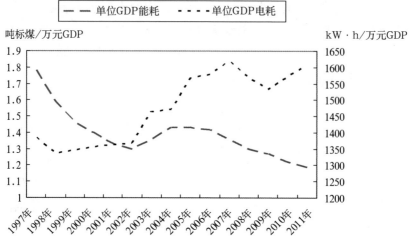

图4　1997—2011年中国单位GDP的能耗与电耗

具体数据详见附表6。

4.十年轮回——电荒的周期性

电力是经济的晴雨表，改革开放以来，随着中国市场化、国际化的发展，电力供需形势与宏观经济走势都呈现出10年左右的周期特征。如图5所示，在1981—1990年周期，中国电气化程度低，工业化发展还不快，用电量增速低于GDP增速，弹性系数较低且对GDP的敏感度不高，长期电荒使发电小时数处于高位；在1990—1999年周期，中国工业化进程加速，电力消费对于GDP变化的敏感度提高，但单位产值电耗下降使弹性系数依然较低，90年代末期亚洲金融危机爆发则发电小时数急剧下降；1999—2008年属于典型的重工业化周期，重工业特别是高耗能（电）行业加速发展，电能消费比重与单位GDP电耗显著提高，用电量快速增长且对GDP的变动高度敏感，弹性系数长期高于1，并波动剧烈，前期装机严重短缺致使发电小时数屡创新高；2008年之后中国逐渐进入新的发展周期，用电量与GDP双双减速，同时出现低发电小时数下的新型电荒。

总之，改革开放30余年，中国经历了工业化初期、重化工业等不同发展阶段，目前有些地区已经进入工业化后期。与此同时，中国的电荒类型也在不断演进，应对电荒的措施也被迫不断调整，与时俱进。

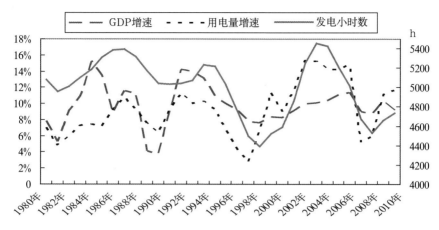

图5　1980—2011年中国电力与经济发展周期性指标

具体数据详见附表8。

（二）广东层面

1.中国用电第一大省

广东是中国经济第一大省，也是第一用电大省。1978—2011年，广东省年度全社会用电量从82亿千瓦时增长到4399亿千瓦时，年均增速超过12%。如图6所示，1994年至今，广东连续19年成为全国第一用电大省，2002—2008年在全国用电量中的比重超过10%；与此同时，1998年以来广东在全国GDP中的比重始终在10%以上，1992年以来连续21年位居中国各省市区GDP排行榜首位（数据详见附表11）。

2.中国电荒重灾区

作为中国第一经济大省与用电大省，广东同时也是目前最大的缺电省份。如图7所示，2011年广东电网实际最大电力缺口在全国各省市区中居第一位，规模高达740万千瓦，占到最高用电负荷的9.9%。而且与一些省份高峰期短时缺电不同，2011年广东每个月都存在错峰用电管制，全年错峰天数超过200天。从改革开放之前的"拉路限电"、"轮休倒休"，到当下的"有序用电"、"需求侧管理"，电荒已经成为广东经济社会生活中的一种常态。

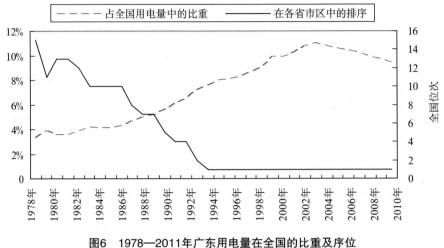

图6　1978—2011年广东用电量在全国的比重及序位

具体数据详见附表9、附表10。

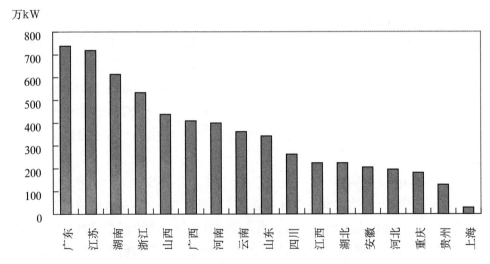

图7　2011年中国各缺电省份实际最大电力缺口

具体数据详见附表12。

3.特殊地区的历史性赶超

　　受历史上战备观念等影响，广东、福建等沿海地区基础设施曾经长期得不到充分投资，1978年广东省用电量仅占全国的3.3%，在30个省市区中仅仅排在第15位。与江苏、山东、辽宁等传统用电大省的发展轨迹不同，改革开放30余年以来，广东经历了一个大规模电力建设的后发赶超过程。1978—2011年广东发电装机容量从259万千瓦提高到7624万千瓦，所投入的电力建设资金累计达4910亿元，占同期全国电力投资的7.6%；在1978—2011年全国累计新增发电机组中，广东占比高达7.9%，列各省市区第一位，其中1994年全国新增装机中广东占比曾经高达31.3%。如图8所示，从1987年开始至今广东年度电力投资规模始终稳定在全国前3位、其中14个年份为全国第一，相应地从1993年开始广东电力装机占全国的比重也从5%以下提高到7%～10%的高水平（数据详见附表14、附表15）。

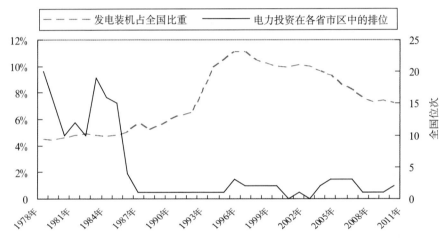

图8　1978—2011年广东发电装机占全国比重及电力投资在全国序位

具体数据详见附表13、附表16。

4. 从扩电厂到强电网

如图9所示，在20世纪八九十年代，广东省发/用电量基本持平，电荒主要用于内部电源结构问题引起（火电机组比例较低造成支撑性控制性不足）。但自21世纪以来，广东省发/用电量缺口急遽扩大，2009年一度超过26%，对于外来电源依赖度相应提高，同期西电东送电量及占比也显著提高。由此，广东的电力供应与保障难以完全在省内得到解决，相应地更加注重加强电网建设，2002—2011年，广东35kV及以上线路长度及变电设备容量分别增长了70%以及220%；特别是10年来累计新增110kV及以上变电设备容量24266万千伏安，占全国同期累计新增容量10.2%，有效提高了电网质量（数据详见附表20、附表21）。

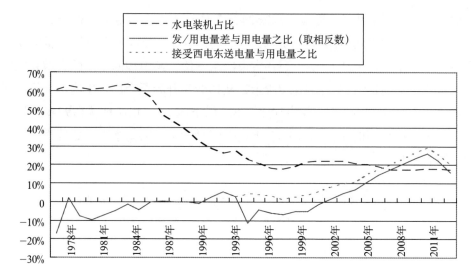

图9 1978—2011年广东水电装机占比、发/用电量差及接受西电东送电量占比

具体数据详见附表17～附表19。

5. 用电结构轻舞飞扬

针对这种形势，在广东省内势必需要开源与节流并举，通过产业调整与转移降低电力消费强度在近年已经取得初步效果。如图10所示，与全国平均以及中国第二经济大省及用电大省江苏相比，2005—2011年广东第二产业、重工业用电量占比都显著低于前两者，并出现下降势头；钢铁、化工、有色、建材四大高耗能产业用电量占比更是保持在非常低的水平；在人均用电量指标方面，广东的增长势头也显著低于全国以及江苏的走势。

中国幅员辽阔，不同地区工业化、城市化的道路必有差异。与以钢铁等重工业为龙头的江苏相比，广东更多的是家电等民用制造业，产业结构相比之下显著"轻"于江苏。虽然两地在本地资源及电源不足而需求规模庞大等方面情况接近，但历史、地缘等方面的不同背景条件，仍逐步推动形成了产业结构方面的差异。

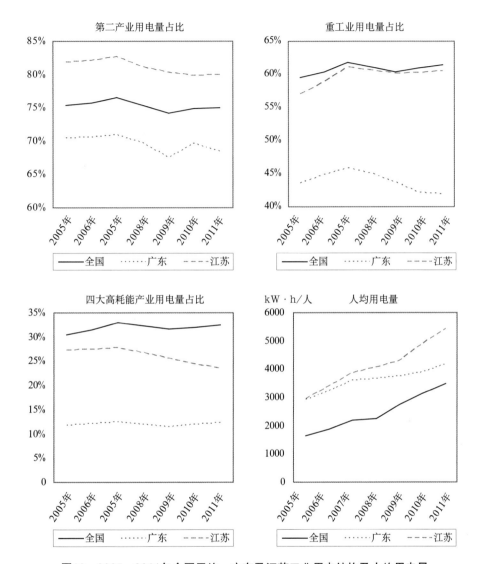

图10 2005—2011年全国平均、广东及江苏工业用电结构及人均用电量

具体数据详见附表22、附表23。

（三）佛山层面

佛山，自古是与朱仙镇、汉口镇、景德镇并称的中国名镇。改革开放以来，作为中国主要增长极——珠江三角洲的核心城市之一，佛山经济发展迅猛。1996年进入全国城市经济20强，2005年至今稳定在前15名以内，如图11所示。

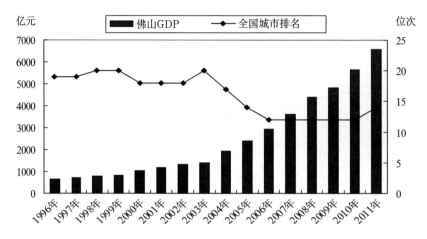

图11　1996—2011年佛山国内生产总值及全国城市排名

具体数据详见附表24。

1. 电源空心化的样本

改革开放以来，佛山地区工业化城市化发展迅猛，1979—2012年，佛山地区电量从15.05亿千瓦时持续增长到502.305亿千瓦时，在长达35年间年均用电增速保持在10.54%，电力供需矛盾长期存在。如图12所示，2001—2011年佛山本地发电量增长停滞，与用电量的比值持续下降；而无独有偶，中国另一增长极——长江三角洲核心城市之一苏州的用电量持续增长、发/用电量比值显著下降的势头，相比于佛山有过之而无不及。由于本地一次能源资源匮乏、城市化发展对于环保要求越来越高，由此所形成的电源空心化问题，已经成为中国沿海经济发达城市的共同挑战，对于佛山电荒问题的研究具有样本之意义。

2. 电源结构变迁四部曲

改革开放以来，佛山地区发电装机的建设发展经历了四个历史阶段。一是20世纪80年代中期以前，佛山本地发电以小水电为主（大约占60%），电源的支撑性控制性较差；二是从20世纪80年代中期开始，为应对电荒，佛山开始大规模上马柴油机组等小火电项目，1986—2000年均装机增速高达19.45%，但近200台发电机组平均单机容量不足1.5万千瓦；三是进入21世纪以来，如图13所示，佛山本地电源发展受到抑制，甚至出现发电量下降，"十一五"开始实施"上大压小"政策以来，关停各类小火电机组累计超过200万千瓦，目前佛山地区仅剩10家电厂、2000年之前的机组仅占16%左右；四是近年来，在注定无法满足本地需

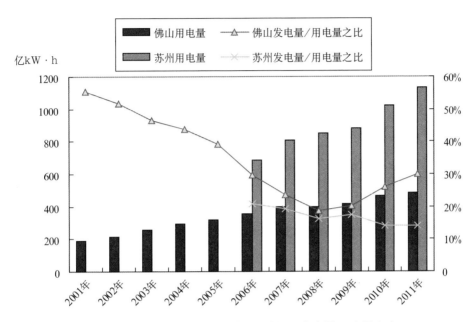

图12 2001—2011年佛山、苏州用电量及发电量/用电量之比

具体数据详见附表25。

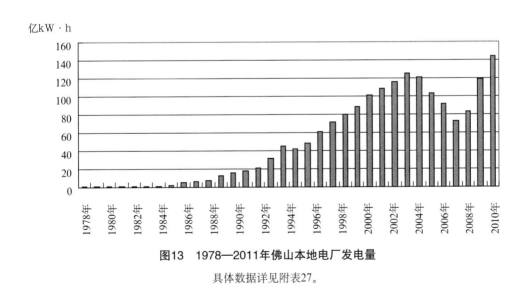

图13 1978—2011年佛山本地电厂发电量

具体数据详见附表27。

求的情况下，佛山本地电源建设转而更加注重综合效益，除通过"上大压小"上
马大型高效燃煤机组以外，环保型的垃圾发电、循环节能的工厂余热余压发电、

能效更高的大型热电联供机组、具有调峰应急等综合效益的燃气发电项目在佛山纷纷上马（数据详见附表26）。

3. 电网强化强到几何

在本地电源不足的情况下，应对电源空心化的重要对策就是加强电网建设、提高受电与供电能力。如图14所示，2002—2011年佛山地区电网建设累计投资达206亿元，占全社会固定资产投资的2%以上，而同期全国电网占全国固定资产的比重只有1.5%。目前，佛山电网分别有16回、4回500kV线路与广东主网及广西电网互联。220kV电网已形成双回环式或链式结构，与周边各城市之间的联络线多达19条；每个110kV变电站都有双电源且分片就近供电，整个电网结构非常坚强。另外近年来佛山10kV及以下电网投资占比已超过60%，终端保障能力也日益强大。可以说，佛山电网的强化建设已近不遗余力。

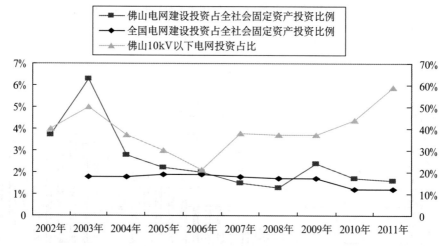

图14 2002—2011年佛山及全国电网建设投资占比、10kV及以下电网投资占比

具体数据详见附表28、附表29。

4. 结构调整润物无声

通过加强电网建设应对电源空心化，属于必要措施而非充分措施。在缺乏地方自主性的现有电力供应与保障体制下，通过产业结构调整与转移来加强需求侧管理成为必然的选择。如图15所示，2006—2011年佛山第二产业用电量占比下降了4.8个百分点，同时居民用电量占比提高了2.7个百分点。在人均用电量持续增长的同时，第二产业万元电耗从1766千瓦时大幅下降到855千瓦时，成为带动单位GDP电耗下降的主力。显然，佛山用电结构的变化程度优于苏州。

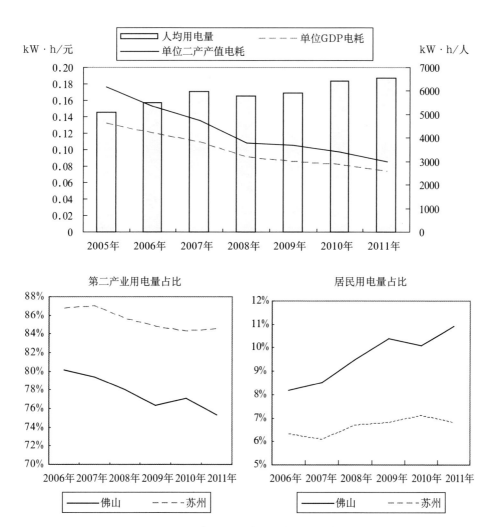

图15 2005—2011年佛山、苏州用电结构及电力消费强度

具体数据详见附表30、附表31。

5. 电荒命门远在西南

如图16与图17所示，佛山具有比较稳定的用电季节特性。一是地处亚热带，无明显冬季负荷高峰；二是当地制造业发达，但外来务工人员比例较高，由此相对于全国用电季节特性、佛山地区1～2月份的年节低谷特征突出。而在夏季负荷

高峰期间，佛山电力的负荷矛盾远大于电量矛盾，2011年6～9月负荷缺口持续在8%～16%的高位徘徊，而电量缺口仅仅在1.5%～4%，6～9月错峰天数累计超过100天、将近全年的一半。

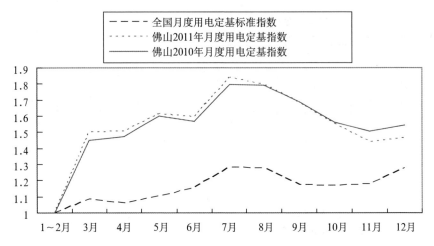

图16　2010年、2011年佛山月度用电定基指数与全国用电标准曲线对比

具体数据详见附表32。

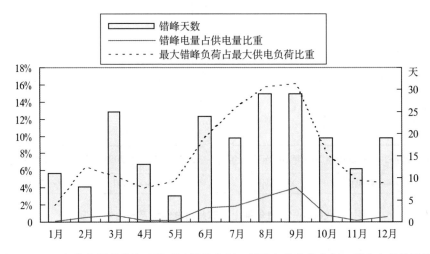

图17　2011年佛山历月错峰天数以及错峰电量、错峰负荷占供电量、供电负荷的比重

具体数据详见附表32、附表33。

佛山地区一次能源资源匮乏，地处珠江三角洲城市群核心，电源空心化在所难免；而中国电力以国有资产为主（90%以上）且以央企集中控制为主，电力管理相关权限也以中央集权为主——省级有部分权限，而到地市级则几乎难有自主性。由此，佛山（广东）虽然在电力需求方面存在一定个性，但在供给政策及体制机制方面则还以行政上级统筹为主，造成其电力供应与保障受到外界较大制约，除年节供煤行情以外，云南方向的来水情况可能是影响佛山每年度夏形势的最大"命门"。

新中国成立以来，中国经济社会发展经历了比较曲折的演进过程，既有波动起伏乃至周期往复的量变表现，又有多次影响深远世界瞩目的质的变革。因此，中国式的电荒既有国家、省区、城市不同层面的空间问题与层次问题，同样也有不同发展阶段、发展周期的时间问题与阶段问题。在概述了全国/广东/佛山3个层面的电荒基本概况之后，笔者将接下来的章节，分不同历史阶段细述中国式电荒的过去、现在与未来。

二、1978—1996年的电荒

（一）基本表现

1. 全国情况

与绝大多数发展中国家一样，中国曾经长期缺电。20世纪80年代中国电荒的基本表现：一是工业用电被严格计划及限制，厂矿企业因限电而轮停轮休成为常态，除京津唐电力供应稍好外，东北、华东、华中、华南等地工业企业普遍停三开四；二是居民生活与社会活动的用电水平被压制在很低水平，各类场所的配电标准极为低下，很多居民住宅的电表连家用冰箱都难以带动。与此同时，电网结构薄弱，线路和设备超负荷运行，许多大型水电站的水库水位长期处于死水位以下运行，火电设备利用小时数通常高达5500小时左右，有些地区超过6000小时甚至7000小时。

2. 广东情况

1978年中国开始施行改革开放政策，1980年建立了深圳、珠海、汕头、厦门等4个经济特区，其中有3个在广东境内。广东一时间成为当时经济起步的龙头，电力供应的矛盾也空前突出。如图18所示，1978—1996年，广东全社会用电量从82亿千瓦时增长到858亿千瓦时，用电需求的增长速度在将近20年的时间里平均高达13.2%，远远高于全国7.9%的平均增速，占全国用电量的比重从3.3%一举提高到8%以上，而且是提高最快的历史阶段。

3. 佛山情况

这一历史时期，属于佛山产业经济发展的起步及初步发展阶段，家电、纺织、食品、塑料、五金以及建材等新兴产业取代小水泥、小农机、小化肥等传统支农产业而快速兴起，因此，佛山地区的电力供需矛盾同样非常突出。

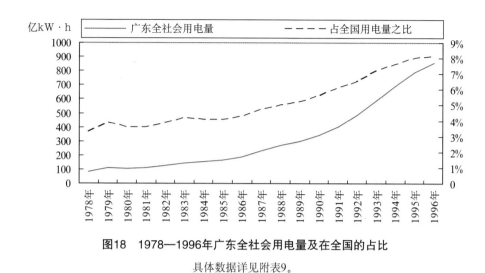

图18 1978—1996年广东全社会用电量及在全国的占比

具体数据详见附表9。

在缺电最严重的1986年，佛山地区日用电需求已经达到650万千瓦时，而省网分配给佛山的日供电量仅有340万千瓦时，电量供需的缺口高达48%。全年省市对所属县市拉闸限电累计时间5713小时，压减电力575万千瓦。

不仅电源缺口显著，电网建设同样滞后。20世纪80年代初期佛山电网仅以110kV电网为主，220kV线路不足100千米、仅占供电线路总长度的1/6，农村电网则更加落后。用于用电量激增，普遍出现电网过负荷、设备"卡脖子"，满负荷或过负荷运行的主变压器超过50%，大量送/变/配设备突破铭牌出力。

（二）核心矛盾

1. 从整体看

20世纪80年代电荒矛盾激化、推动变革的主要背景，一是供给方面，长期实行计划经济，从新中国成立到1980年甚至几乎没调整过电价，平均电价只有0.08元/千瓦时左右，电力部门独家办电、管理僵化，同时也缺乏发展电力的积极性，导致电力投资极度匮乏，1958—1977年这20年间全国累计电力基建投资只有区区365.4亿元、广东只有13.7亿元；二是需求方面，1978年开始改革开放政策之后，各地发展经济的积极性空前高涨，家用电器也逐步进入千家万户，不论生产还是生活，对于电力的需求都蓬勃发展，对于长期的缺电局面再难接受。因此，1978—1996年的电荒，核心问题在于投资短缺。

2. 从局部看

在这个历史阶段，佛山电力供应与保障问题除了共性的投资匮乏问题，还需要解决佛山乃至广东特色的电源结构问题。改革开放之前，国家对于广东、福建等地电力投资极少，大型火电机组更少，多为小型水力发电项目。如图19所示，1985年之前广东电力装机总量中水电的比重超过60%；1978年佛山境内发电装机大约25万千瓦，水电将近15万千瓦。由于珠江三角洲地处水系下游，水头低落差小，多为受来水季节性影响的径流式电站，发电出力非常不稳定。因此，20世纪80年代，广东全省发/用电量差虽然基本持平，但季节性、地区性的缺电依然非常严重，特别是佛山这样经济先行起步的地区，急需加大支撑性、控制性更好的电源——火电机组的比例。

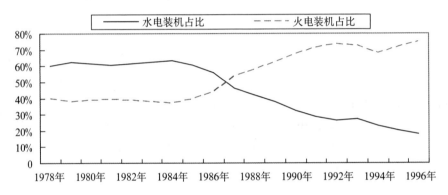

图19　1978—1996年广东水电、火电发电装机占比

具体数据详见附表17。

（三）基本对策

针对投资短缺型的电荒，中国采取了一系列以吸引投资为核心的对策。

一是减少准入壁垒，通过推行"集资办电"政策，打破中央电力部门独家办电的垄断格局，鼓励各地方充分发挥积极性成为解决自身供电问题的主体，鼓励各种类型的多元投资者充分发挥资金与技术优势共同参与电力事务。

二是保障投资回报，主要是放松电价管制，通过多种形式的调价政策，尽最大努力吸引投资者。包括在财政拨款退出，企业没有积累，外资规模有限的情况下，通过"2分钱"电力建设基金的形式，像"药引子"一样借助消费者的力量而改善电力投资困局。

1. 国家层面的主要对策

（1）在减少准入壁垒方面的主要对策与经典案例

①打破独家办电。1981年12月，山东龙口电厂一期2台10万千瓦机组开工，总投资2.05亿元，国家计委和水电部商地方政府合资建设，请地方出资1.45亿元工程建设资金，水电部出资0.6亿元电站设备资金，由此标志着独家办电的传统局面开始被打破。从此之后，多家办电、多元投资的浪潮席卷全国，带来中国电力工业的大变局。

②组建独立电力集团。1985年，由中国银行香港分行、华润公司、水电部对外公司及国务院压油办共同投资联合成立华能国际电力开发公司，这是在电力部门以外成立的第一家电力投资公司，进一步打破了电力部门独家办电的局面，开拓了办电的资金渠道和创新了办电的方式。1988年，又组建了国务院直属、国家计委归口领导、能源部参与指导的国家能源投资公司，进一步形成中央层面的独立电力企业。

③允许发展地方电力。多家办电不仅要打破部门垄断，更须打破中央垄断，充分发挥各部门特别是各地方的积极性。1985年之后大批地方国有电力投资企业兴起，包括1985年成立的辽宁能源投资总公司、皖能投资公司，1987年成立的申能电力投资公司（申能集团公司前身），1988年成立的广西投资开发公司、江苏国际信托投资公司、河北省建设投资公司等。

④实施政企分开。1988年10月国务院印发《电力工业管理体制改革方案》。按照"政企分开、省为实体、联合电网、统一调度、集资办电"，因地因网制宜的方针，明确将网/省电力局改建为电力公司，塑造独立核算、自负盈亏的法人实体，形成了形式上的政企分开。1996年，又进一步组建了国家电力公司，初步形成国家/网/省各层面政企分开的局面。

（2）在保障投资回报方面的主要对策与经典案例

①规范集资办电。1984年颁发了《关于筹集电力建设资金的暂行规定》，实行以"电厂大家办，电网国家管"为方针的集资办电政策，同时对各地集资办电进行规范与引导，明确"谁投资，谁用电，谁得利"等原则，放开了发电市场准入限制，形成了多家办电、多渠道投资办电厂的新格局。

②鼓励利用外资。1984年利用世界银行贷款兴建云南鲁布革电站，开启了电力领域利用外资的先河。其后从中央到地方争相吸引外资（包括来自中国港澳地区投资），并给予各种优惠政策，外来的资金、技术与管理对于20世纪80年代中国电力的发展起到了积极的作用。

③多种电价政策。1985年5月国务院批准国家经委等部门《关于鼓励集资办电和实行多种电价的暂行规定》，除了允许集资扩建新建电厂、卖用电权（用于电力建设资金）以外，在新建电厂"还本付息"电价的基础上进一步细化电价形成机制，对部分电厂实行多种电价，用加价燃料所发电量增加的燃料费用计入成本，允许自行组织议价燃料发电，电网收取燃料附加费、组织用户来料加工收取加工费。

④收取建设基金。1987年12月国务院批准国家计委《关于征收电力建设资金暂行规定的通知》，在全国征收电力建设资金，征收标准为每度电2分钱，用于已列入国家计划的大中型电力项目建设。同时出台还本付息电价、燃运加价等政策。

2.广东省的主要对策

（1）在减少准入壁垒方面的主要对策与经典案例

①集资办电。1984年，由广东省政府独家投资兴建的沙角A电厂在东莞虎门开工，共计3台20万千瓦发电机组上马，于1987年4月21日实现首台机组投产发电，1989年全部建成。这是中国最早完全由地方实施的集资办电成功案例，位置优越的沙角至今都是中国华南地区最大的火力发电基地。

②兴建核电。1985年，广东电力工业总公司和中国香港中华电力公司，共同组建广东核电合营有限公司（1994年更名为中广核集团），开启大亚湾核电站建设。至1993年8月、1994年2月，装机容量均为98.4万千瓦的1、2号机组陆续顺利并网发电，为广东省包括中国香港特区提供了优质稳定的电源。

③发展地方电力企业。广东电力发展具有自力更生、自主管理的传统，1985年时全国只有广东、内蒙古和西藏3个省区的电力工业以地方为主进行管理。开放集资办电之后，一批具有省府、城市、民营、股份等多种背景的地方电力企业在广东迅速兴起，包括目前依然活跃的粤电集团、深圳能源、广州发展、广州恒运等企业，均是从那时开始起步的。其中，粤电集团的业务渊源可追溯百年，从那时至今长期位居各地方性电力投资集团中的第1位，到2011年末总资产达1322亿元，全资及控股发电装机容量达2481万千瓦。

（2）在保障投资回报方面的主要对策与经典案例

①规范引进外资。1985年，中国首个采用"建设—经营—转让"（BOT）方式的沙角B电厂开工，由深圳市政府控股（提供土地并负责落实燃料），中国香港公司参股并负责筹资。该电厂实行英式管理，采用日本技术装备，首台机组

于1987年4月22日投产发电,第二台机组也于3个月后投产。沙角B厂建成后,按照协议先由港方全权运营10年,10年后将所持的35.23%股权全部无偿移交给广东省政府。

②率先上市融资。1992年9月8日广东省政府批准成立地方国有性质的广东电力发展股份有限公司(简称"粤电力"),1993年、1995年"粤电力"分别成功发行A股和B股,成为中国内地首批电力上市公司并且是现今唯一一家同时拥有A、B股的大型电力上市公司,在广东电力市场中长期拥有龙头地位。

③用足地方电价政策。在全国"2分钱"电力建设基金的基础上,广东充分利用还本付息电价、燃运加价等政策吸引投资,先后多次额外加价,最大限度地给予电力企业宽松的发展空间。20世纪80年代广东省的电价中,在基数电价(国家电价)以外,还有保本电价、新机电价、集资电价、涉外电价乃至沙角B厂电价以及地方自办电电价等多种额外加价。至1993年清理整顿实行全省并价同价时,1994年1月1日开始执行的广东省电价总平均水平已经达到0.37元/千瓦时,而1994年全国售电平均单价只有0.21元/千瓦时。

3.佛山市的主要对策

为解决电力供应与保障问题,佛山积极抓住机遇,坚持政府主导,用足国家、省级各项政策,并领会政策精神率先推动有关改革,通过减少壁垒保障回报吸引电力投资;而突破的重点,则是通过各种渠道全力上马了一大批柴油发电等小型火电机组。主要对策与经典案例:

(1)率先打破独家办电。1985年起,佛山在广东省内率先改革独家办电体制,推行"一家管网、多家办电"的新体制,组建了地方性质的佛山市电力开发公司,加快推进电力基础设施建设。

(2)集资购用电权。佛山积极支持并全力参与广东省的集资办电,对佛山地区的集资工作进行统筹规范管理,借助"每万元投资可增电力指标7千瓦、年电量指标4万千瓦时"的政策,积极争取用电权额度的提升。

(3)用足地方电价政策。在国家以及广东省相关政策的基础上,佛山先后实行"高来高去"、"老电老价、新电新价"双轨制等地方政策,满足回报吸引投资,如表1所示。

表1　1987—1993年佛山电网燃料附加费

单位：元/kW·h

		1987/6-1988/6	1988/7-1988/9	1988/10-1989/6	1989/7-1993/5
集资电	峰	0.0946	0.1206	0.1316	0.1826
	谷	0.0466	0.0216	0.0276	0.0086
保本电	峰	0.1316	0.1586	0.2236	0.2556
	谷	0.0666	0.0406	0.0736	0.0326
沙角B	峰	0.1616	0.1886	—	—
	谷	0.0816	0.0556	—	—

（4）大力上马电源。积极探索，采取贷款、合资、外商独资等多种形式推动兴建地方电厂，弥补佛山地区的电源缺口。其中，从1985年开始，分别与多家不同的外资公司合资筹建佛山发电厂（A、B、C厂）。截至1993年前后，以此方式共引进37台发电机组。

（5）鼓励用户挖潜。在大力上马电源的同时，积极挖掘用户侧潜力。包括鼓励技术改造，鼓励大工业用户上马自备机组，提高南海、顺德等当地大型糖厂余压余热发电能力。

（四）阶段成效

通过切实推行减少准入壁垒、保障投资回报等一系列政策措施，中国电力一举解决了投资短缺的痼疾，新中国成立以来长期存在的电荒，至20世纪90年代中期已经陆续得到治理。

1.国家层面的主要阶段成效

（1）募集到大量电力投资。1978—1996年（19年）全国电力投资累计达5235亿元，是1958—1977年（20年）的14.3倍。其中，通过"2分钱"政策募集到建设基金750亿元（从1988年1月1日到2000年12月31日），各电力企业发行债券达数百亿，另外从20世纪80年代后期至90年代初期还有华能国际、北京大唐等50余家电力股份公司在境内外成功上市融资。

（2）极大地活跃了电力市场。陆续出现中央、地方、外资等形式的电力投资公司数十家，初步形成多元竞争的市场雏形，为下一阶段的电力市场化改革奠定了基础。"多元投资办电主体，其利益时常与传统的垄断管理体制产生矛盾，这是触发电力体制改革的根本原因"。

（3）有效推进了电力建设进程。截至1995年底全国发电装机容量、发电量分别是1978年的3.8倍与3.9倍。

如图20所示，"六五"、"七五"、"八五"这3个五年计划期间，全国累计电力投资从300亿元跃增到1289亿元、2833亿元，累计新增装机从2023万千瓦跃增到4748万千瓦、7301万千瓦，此前连续数十年的全国性电荒问题得到了有效解决。

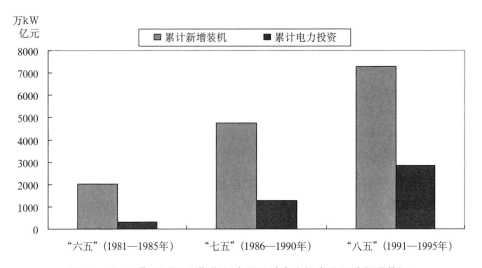

图20　"六五"至"八五"期间全国累计电力投资及累计新增装机

2.广东层面的主要阶段成效

（1）电力建设空前活跃。广东电力在引进外资、上市融资等方面，不仅规模大、开始早，而且不断规范，各项电力建设工程空前活跃，全省电力资产规模超过千亿元。截至1995年底，广东发电装机容量、发电量分别是1978年的8.8倍与8.6倍，远远高于全国平均增长水平。

（2）电力市场潜滋暗长。除了广东省内原电力系统以内的发电项目（后独立组建粤电集团），中广核、深能源、广州发展以及广州电力、穗恒运、京信电力、广东华夏，广东宝丽华等大批电力投资公司兴起，既包括省、地、城市等不同级别，又包括国有、民营、股份制等不同性质，在同一个电力市场中形成多元竞争的格局，为2001年广东率先实行厂网分开的改革奠定基础。如表2所示，2011年全国十二大地方电力投资集团中，广东企业占据3家，分居第1、第6、第10位。

表2　主要地方电力投资集团基本情况（2011年）

	企业	发电量（亿kW·h）	装机（万kW）	创始时间
1	粤电集团	1266	2481	20世纪80年代
2	浙能集团	1145	2203	1988年
3	京能集团	556	1231	1989年
4	河北建投	393	730	1988年
5	申能集团	304	625	1987年
6	深能集团	298	544	1993年
7	江苏投资	271	537	1988年
8	鄂能集团	172	556	1987年
9	皖能集团	172	354	1985年
10	广州发展	129	247	1989年
11	甘投集团	129	287	1988年
12	宁夏发电	100	207	1996年

（3）电力投资空前增长，如图21所示，1978—1995年广东年度电力投资从1.3亿元提高到95亿元，特别是1985年之后呈井喷形势；在全国电力投资中的比重从2.6%提高10%以上，1994年更是高达全国投资的1/6；1978年，广东电力投资在全国各省市区中仅排第20位，而到了1987—1995年则连续蝉联全国第1位。

3.佛山层面的主要阶段成效

（1）积极参加广东省集资办电提高用电权额度。仅1984—1994年，佛山地、市县及重点企业募集电厂建设资金达6.3亿元，按照广东省有关政策提高电力负荷指标44万千瓦、提高电量指标25亿千瓦时，尽最大努力弥补了用电计划分配缺口。

（2）采取多种形式积极推进地方电源建设。佛山地区"七五"期间（1986—1990年）共有51台、37万千瓦发电机组建成投产，"八五"期间（1991—1995年）建成投产的发电机组则达80台、159万千瓦。这些机组全部都是20万千瓦以下的小发电项目，平均单机容量不足1.5万千瓦；但由于都是柴油、燃煤等火电机组，依然一举扭转了佛山地区水电为主的电源结构，提高了电源的支撑性、控制性；到2000年底，佛山地区火电装机规模更是从1986年的16.2万千瓦增长到232.92万千瓦。

（3）用户自备机组极大发展。不仅南海、顺德等当地大型糖厂余压余热发电能力显著提高，科龙电器、中南铝厂等一批大工业用户也纷纷上马自备机组，

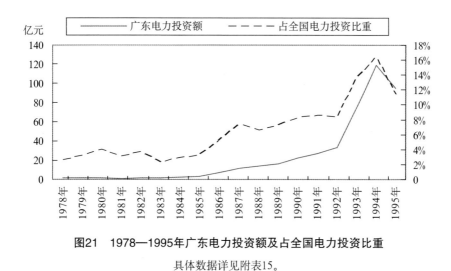

图21   1978—1995年广东电力投资额及占全国电力投资比重

具体数据详见附表15。

至20世纪90年代佛山500千瓦以上企业自备机组多达460家、装机容量96万千瓦。

（4）从1985年又开始了多轮次的电网建设及升级改造。主网架从110kV升级到220kV最终达到500kV，1996年变电容量与线路长度分别是1980年的13倍与3.5倍，同时也从原始的放射网升级为更加安全可靠的环网结构，电网设备质量与自动化水平不断提高，城市配电以及城镇、农村电网也得到加强。

最终，至1989年10月，佛山市区率先实现了"敞开用电"；至20世纪90年代初，佛山全市基本实现敞开用电；到1995年7月的夏季负荷高峰，佛山电网第1次没有拉闸限电，取得了电荒治理第一战役的完胜。

三、2003—2006年的电荒

（一）基本表现

1. 全国情况

亚洲金融危机之后，中国突然再次爆发严重电荒。21世纪之初的这次电荒，其基本表现：一是势头凶猛超出预期，刚刚走出亚洲金融危机的阴影，正待大干快上之时意外地遭遇供电因素制约，最多时一年波及多达26个省份，特别是对沿海经济发达地区造成较大影响；二是社会影响巨大，经历了几年时间的电力宽裕，社会公众对于电荒的心理承受能力显著下降，"电荒"一词在21世纪之初不胫而走，成为引人注目的社会公共问题。

2. 广东情况

作为率先走出亚洲金融危机阴影的地区，2000年广东在全国率先出现了区域性、季节性缺电的新动向，并呈逐年加剧的态势；至2003年，电力供应紧张局面已呈全省性及全年性，2004年从1月1日起即被迫实行错峰用电。如图22所示，2007年相对于亚洲金融危机之后的1998年，广东的发用电缺口从基本持平迅速扩大到将近700亿千瓦时，超过全社会用电量的1/5。

3. 佛山情况

这一历史时期，是佛山工业化、城镇化发展的重要时期。在产业经济发展方面进入壮大阶段，通过专业镇、产业园区等形式快速形成家电、纺织、建材、电子、五金等一大批产业集群；而在城镇化发展方面，2002年佛山非农业人口比重达到51.6%、人均GDP达到34850元（数据详见附表34），翌年开始，佛山地区被统计归属为非农业地区。工业化城镇化的发展，在电力供应与保障方面也提出了新的要求、出现了新的动向与新的问题。

一是在电力供应保障方面。随着21世纪伊始经济不断回暖，工业化、城镇化

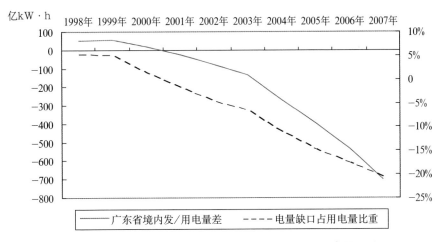

图22 1998—2007年广东发/用电量差以及缺口占用电量比重

具体数据详见附表18。

突飞猛进，仅2002—2007年佛山第二产业产值占比即从53.2%提高到64.9%（数据详见附表35），由此，电力供应缺口不断加大，错峰用电再次成为每年迎峰度夏的重点工作。2004年，佛山电网最高负荷达470万千瓦，再现全年性、全网性电力电量"双缺"的严重电荒；2006年，最大负荷达572万千瓦，拉闸限电现象在佛山地区再次成为普遍现象，全年错峰负荷高达95万千瓦。

二是在资源环境约束方面。随着工业化、城镇化的发展，一方面，陶瓷、金属加工等能耗大、污染重、附加值有限的佛山地区传统产业，发展空间日益受限，而这些产业转移或升级的结果，则是对于电力需求的密度不再无度攀升，从2005年开始，佛山单位GDP电耗特别是第二产业单位产值电耗都逐年下降；另一方面，传统火电尤其是小火电的能耗、污染问题同样逐步浮出水面，特别是进入"十一五"之后国家开始施行"上大压小"政策，电力工业自身也面临需要转变的压力。

（二）核心矛盾

1. 从整体看

21世纪之初电荒矛盾激化、推动变革的主要背景，一是需求方面，亚洲金融危机之后，中国逐步走向"世界工厂"的发展模式，特别是沿海地区纷纷大量上马重化工业项目，单位产值能耗出现反弹，用电需求也在短期内快速上涨，如图23所示，2002—2007年四大高耗能产业以及重工业用电占比都以每年1个百分点的速度快速提高；二是供给方面，亚洲金融危机期间，电力设备闲置严重，有关部门出台"3年不建新电厂"等保护性的产业政策，1998—2002年连续5年新增机组平均不足2000万千瓦，2001年新增装机甚至低于1994年（数据详见附表14），由于电力项目建设周期一般至少要2年，一旦需求突变即使不缺投资也难以及时提高发电能力。因此，2003—2006年的电荒，核心问题在于发电装机短缺。

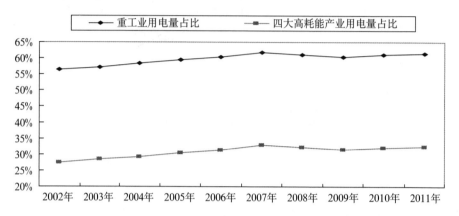

图23 2002—2007年中国四大高耗能产业及重工业用电量占比

具体数据详见附表36。

2. 从局部看

在这个历史阶段，佛山电力供应与保障问题除了共性的装机短缺问题，佛山特色的电源空心化问题逐渐形成。佛山一次能源资源匮乏，且地处珠江三角洲腹地，东倚广州，南邻中国香港及中国澳门，随着经济的发展与体制的变革，不仅在社会经济层面逐步融为珠三角城市群的一部分，在电力供应方面也日益依赖大

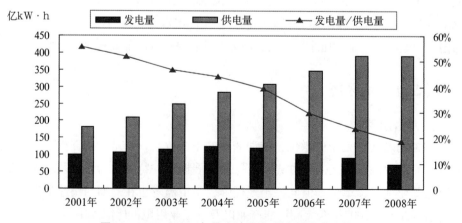

图24 2001—2008年佛山地区发/供电量及其比值

具体数据详见附表25。

电网整体保障，本地电源的比重显著下降。如图24所示，2001—2008年，佛山地区供电量持续增长、实现倍增，但当地电厂的发电量反而下降了1/4左右，电力自给率从55%以上一路下跌到20%以下。电源空心化是佛山这种类型城市发展的常见现象，长江三角洲地区的苏州同样面临这一问题，都需要面对相应带来的一些新的风险与新的要求。

（三）基本对策

针对装机短缺型的电荒，中国采取了一系列以放松管制为核心的对策。一方面是放松审批管制，原有项目审批制度在势头凶猛的电荒面前威信下降，不得不默许地方各显其能快速上马发电装机；另一方面是规范电力竞争，随着投资主体日益多元化，通过引进竞争、规范秩序来保障收益、提高效率的需求更加迫切。

1.国家层面的主要对策
（1）在放松审批管制方面的主要对策与经典案例

就是默许地方各显其能，快速上马发电装机，形成超过6000万千瓦的大规模"违规"机组现象。虽然几经治理，截至2011年全国仍然有违规电厂125家，"违规"机组222台，总容量高达52726MW，占全国电力装机总量的5%左右。

（2）在规范电力竞争方面的主要对策与经典案例

①厂网分开。2002年《电力体制改革方案》将原国家电力公司拆分为5家发电集团及2家电网公司，发电、电网两个产业环节不再允许纵向联营。通过实施"厂网分开"的电力体制改革，使不同投资主体所属的电厂开展公平竞争，特别是形成大型发电集团之间比较竞争的良性格局。

②独立监管。2002年《电力体制改革方案》在厂网分开的同时，组建正部级的国家电力监管委员会并逐步形成覆盖全国的垂直管理的独立监管体系。这就意味着在开放市场、塑造多元竞争主体的同时，通过建立独立监管制度，提高国家管电机构的专业能力与独立性，有利于更好地规范市场竞争、维护市场秩序。

2.广东省的主要对策
（1）在放松审批管制方面的主要对策与经典案例

主要就是抓住机会最大限度上马各类发电机组，"违规"机组的规模全国第一。虽然几经治理，截至2011年广东仍然有违规电厂37家，"违规"机组51台，总容量13766.4MW，占全部"违规"机组的26.1%。

（2）在规范电力竞争方面的主要对策与经典案例

①率先实施"厂网分开"。早在2001年8月，广东即主动实施"厂网分开"改革，将原广东省电力集团公司，按照电网环节与发电环节，拆分为广东省广电集团有限公司、广东省粤电资产经营有限公司，此为全国先行先试的创新之举。

20世纪80年代打破垄断、集资办电以来，广东省内原电力系统以外的发电企业发展迅猛，除了中广核、深能源与广州发展以外，还有广州电力、穗恒运，京信电力集团，广东华夏电力，广东宝丽华电力有限公司等多家不同级别、不同性质的电力投资公司进入电力市场，与原电力系统以内的电厂形成不对等竞争。通过"厂网分开"，使所有发电企业平等竞争，有利于维护市场秩序、促进行业发展。

②立法支持电力建设。2005年通过的《广东省电力建设若干规定》，于2006年正式颁布实施，通过地方立法的形式解决了一些电力建设中遇到的普遍问题，协调了电网规划与用地规划，提高了电力项目审批效率，统一了征地拆迁补偿标准，规范了电力项目与林地等相邻关系，明确了城市负荷中心电力通道走廊的统筹建设原则。

（3）前期一些有效对策在广东省的延续

①继续坚持高电价高回报政策导向。为保障电力投资者充分的回报，不断提高电价，截至2006年广东平均销售电价已超过0.7元，处于全国第一。同时为稳定民生，广东居民电价倒挂的价差也仅次于京沪。

②继续鼓励发展地方电力企业。在此阶段，广东省属各电力企业不仅在广东境内蓬勃发展，而且开始走出广东，为配合"西电东送"，在云南、贵州、广西投资建设电源点。另外，2007年深圳能源投资股份有限公司通过非公开发行股票收购深圳市能源集团有限公司的股权和资产，开创了国内电力公司整体上市的先河。

（4）广东省为应对本轮电荒还积极争取到了一些专有对策

①形成南方电网的特殊体制。通过率先实施"厂网分开"，使广东省的电网建设先行受益，至2002年电力体制改革时，广东电网公司的资产已达1000亿元左右，超过云南、贵州、广西、海南等其他4省总和。经过复杂博弈，在国家电网公司以外，以广东为核心组建了包含上述5省的南方电网公司，从组织制度上极大强化了广东的保电能力，逐步形成围绕区域负荷中心（珠三角）的南方电网。

②加大加快"西电东送"力度。早在电力供需矛盾已经缓和的20世纪90年代初期，广东省即已开始通过跨省输电线路接收西部能源富裕省份的电量调剂。至21世纪初中央正式将"西电东送"列为"西部大开发"战略的标志性工程，其

南部通道正是将贵州、广西、云南的水电、火电送往广东。随着新一轮电荒的重演，"西电东送"工程对于广东起到了雪中送炭的重要作用。如图25所示，从2001年开始进入广东的"西电东送"电量不仅从20世纪90年代每年20亿～30亿千瓦时的水平一跃超过每年100亿千瓦时，而且在广东全社会用电量中的比重也从3%左右一举提高到10%以上，至2006年更是达到20%，为广东应对本轮电荒提供了关键性的支撑。

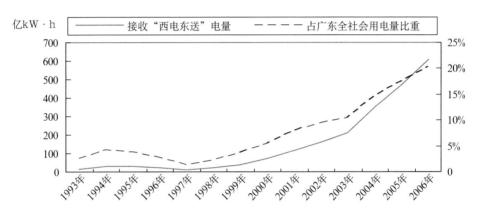

图25　1993—2006年广东接收"西电东送"电量情况

具体数据详见附表19。

3.佛山市的主要对策

为解决电力供应与保障问题，佛山除了配合国家以及广东省放松管制、规范竞争的有关措施以外，针对本地区电源空心化的特点，将应对电荒的重点，放在了电网建设与改革领域。主要对策与经典案例有：

（1）加大电网投资建设力度。由于电源空心化，对于佛山政府以及有关电力企业来说，在电力供应与保障方面最现实的可行之策就是将注意力集中于电网建设。而且由于外受电量不断增加，对于电网的投资建设、运营管理都提出了新的更高的要求，作为典型的受端电网，一是要增加输电通道，提高接收外来电力电量的能力；二是要扩大电网规模，提高承受以及抵御各种外来风险的能力——首要手段就是加大电网投资力度。

（2）积极实施农网改造工程。"农网改造"是20世纪末继"西电东送"之后，国家在电力领域的又一优化资源、扩大内需的重要措施，尤其第一批1893亿元、第二批大约1000亿元的投资对于21世纪初农村电网建设、地方电力事业发展乃至农村产业升级、民生保障均起到历史性的作用。佛山再次抢抓机遇，积极争取并认真实施农网改造工程，全面提升佛山所属农村地区的电力供应与保障能力。

（3）逐步施行供电体制改革。伴随电源空心化发展趋势，促使地方电力产业体制出现变革的内在需求。一方面，地方特别是省以下地方的发电企业的发展空间受到抑制，逐步退出市场；另一方面对于电网建设特别是与外界联网、全省统一发展的需求非常突出，原有地方供电模式在客观上难以适应新的需要，因此有必要对原有的地方供电企业进行上划、将原供电业务纳入南方电网公司统一管理。

（4）逐步形成新的政企关系。一方面，在佛山层面，配合国家以及广东省的改革方向，进一步深化政企分开改革，将管电职能移交地方政府部门，同时完善企业自主经营机制；另一方面，在政企分开的基础上，明确双方定位，发挥各自优势，在电力安全、规划编制、项目审批、投资建设、供应保障、用电管理等领域不断加强分工合作，逐步形成新的政企关系。2003年，佛山出台《佛山市电力设施用地补偿方案》；2004年，又专门出台《佛山电网建设绿色通道实施细则》，在电网建设提供有力保障。

（四）阶段成效

1. 国家层面的主要阶段成效

（1）迅速增加发电装机，有力地结束了"硬缺电"的电荒局面，2002—2007年短短5年间全国发电装机容量增加了3.6亿千瓦，实现了发电能力的"倍增"。

（2）出现以五大发电集团为代表的大型电力投资集团，随着现代企业制度的建设，电力行业市场化的融资体制、渠道、手段日益成熟，五大发电集团在竞争中不断发展壮大，市场份额稳步提高，如图26所示。

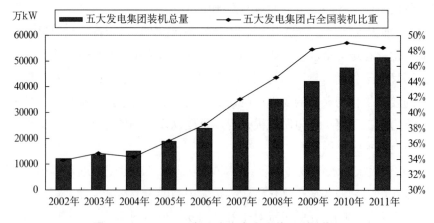

图26 2002—2011年五大发电集团装机发展情况

具体数据详见附表37。

（3）通过比较竞争格局的建设，显著提高了发电企业的效率，建设造价等指标显著改善，在物价普遍上涨的情况下，2002—2010年火力发电工程造价通过挖潜却下降了20%左右；发电煤耗、厂用电率、线损率分别下降了13.5%、12.4%及13.3%，一些领域的技术水平包括经济技术指标进入世界先进行列。

2.广东层面的主要阶段成效

（1）形成更加完整的地方电力格局，电源、电网建设并重，本地、境外市场兼顾。广东率先实施"厂网分开"之后，电网、电厂环节都得到了更广阔的发展空间，广电集团成为其后南方电网的核心，粤电集团保持了广东发电市场的龙头地位并在全国省属电力（能源）投资集团中长期位居首位，而广东各发电企业作为一个整体更成为中国电力行业中迅猛发展的一股力量，业务领域从电力逐步扩展到燃气、新能源等，市场范围则纷纷走出广东，进入更多地区。

（2）电荒局面得到缓解。从2002年到2007年，广东省的发电装机规模从3588万千瓦增长到5886万千瓦，火电机组利用小时数则从5802小时回落到5243小时，重新回到供需矛盾相对缓和的状态。

3.佛山层面的主要阶段成效

一方面，电网建设与改革领域的有关措施得到有力实施。

（1）电网投资规模达到较高水平。2002—2006年，佛山电网建设投资累计达到87.9亿元，在佛山地区固定资产投资中的比重达到2.98%，远远高于同期全国电网投资在全国固定资产投资中1.8%～1.9%的占比水平，为佛山电网的建设与强化奠定了坚实基础，如图27所示。

（2）电网建设规模显著提高。2001—2007年，佛山地区共建成投产110kV及以上输变电工程89项，新增主变容量近1800万千伏安，新增输电线路近1500千米。到2007年底，佛山电网运行有110kV变电站127座、220kV变电站21座、500kV变电站3座，主变容量2737万千伏安。其中，500kV罗洞、西江变电站为"西电东送"落地的主力变电站，500kV顺德变电站则为广（州）佛（山）肇（庆）主网与中（山）珠（海）电网的连接枢纽，由此，佛山电网成为广东电网乃至南方电网的重要枢纽和"西电东送"的重要门户。

（3）农网改造工程顺利实施。在国家第一批、第二批农网改造工程中，佛山分别争取并顺利实施11.63亿元、9.93亿元的城乡电网改造项目。通过完成近万千米的低压线路升级改造工程，有效提高了农村地区的电网质量，实现了城乡

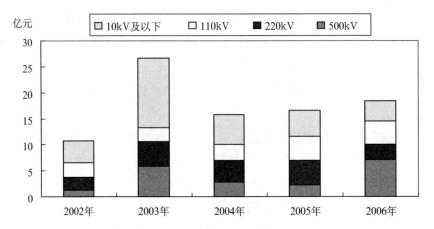

图27 2002—2006年佛山电网建设投资分类

具体数据详见附表28。

同网同价，有力推进了佛山地区的城市化进程。2003年，佛山人均国内生产总值达到34850元，非农业人口比重达到51.6%，进入城市化发展的新阶段。

（4）供电体制改革不断推进。2001年顺利完成了政企分开，将管电职能从电力企业移交给地方经贸局；同时对佛山地区8个农、林场的供用电业务进行了接管。2002年，佛山电力工业局改制为广东省广电集团有限公司所属佛山供电分公司，实现政企分开。2005年，佛山供电分公司改名为广东电网公司佛山供电局。2006年实行"大佛山、一体化"管理，理顺佛山供电局与下属南海、顺德、三水、高明四区局的关系。

（5）逐步形成政企携手推进电力发展的局面。2004年，依据《佛山市电网建设绿色通道实施细则》，供电公司与各区签订了责任书，较好地协调解决了电网建设中出现的一些难题。2007年，建立了电网建设预警制度，将工程前期和工程建设推进情况与当地配网投资、用电报装、错峰用电挂钩，协调各方全力以赴加快电网建设进度。

但另一方面，由于电源空心化，佛山在电力供应与保障方面的自主能力是有限的，因此，应对电荒的最终效果也是有限的。到2007年，全国大部分地区包括广东（整体）的电荒已经逐步缓解，而佛山电网错峰负荷依然高达126万千瓦，最高负荷640万千瓦；同时由于"西电东送"主通道更长时间压极限运行，电网结构性的限电矛盾更突出，佛山电网承受的风险越来越大，仅2007年即发布电网风险公告15次。

四、2008年以来的电荒

（一）基本表现

1. 全国情况

2008年以来，在解决投资与装机短缺之后，中国又出现特殊的新型电荒：一是发电能力闲置（机组小时数低迷）与电荒同时并存；二是不仅沿海地区缺电，湖南等中部省份同样严重电荒；三是不仅资源输入地区缺电，山西等资源大省同样缺电；四是在夏、冬负荷高峰以外，传统为负荷低谷的第一季度同样出现电荒；五是电荒诱因更加随机，电力供需平衡更加脆弱，来水偏枯、国际能价变动甚至某次煤矿安全事故都可能引发；六是虽然采取大量措施，但效果非常有限，季节性、时段性、区域性的电荒有长期化趋势。

2. 广东情况

作为中国第一经济大省与用电大省，广东在本轮电荒中依然未能幸免。2011年，广东全年限电54.3亿千瓦时，电网最大缺口高达740万千瓦，占到最高负荷的10%。如图28所示，在20世纪80年代的电荒中，广东因电源结构矛盾形成了异于全国的局部走势，但到90年代供需矛盾已经比全国缓和；在2003—2006年的电荒中，广东的电荒走势与全国基本一致甚至略有缓和；但2008年以来，广东电荒的势头显然比全国更加严峻。而江苏与广东相比，长期以来供需矛盾通常更为显著一些，由于始终以火电为主因而与全国供需走势更为贴合。

3. 佛山情况

在这一历史时期，属于佛山乃至广东产业经济发展的转型阶段，在电力供需矛盾突出的同时，产业调整（优化第二产业、鼓励第三产业）与产业转移（地区内部转移、区外转移）的力度不断加大。

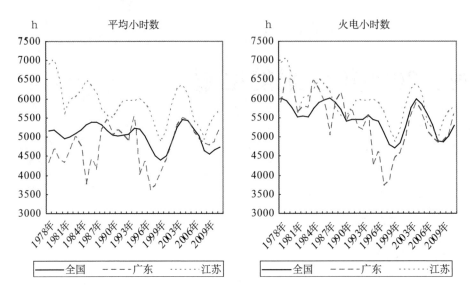

图28 1978—2011年全国及广东、江苏发电机组利用小时数

具体数据详见附表38。

一是从供给方面看，虽然用电需求强度有所缓和，但由于经济规模基数较大，对于电力的需求规模依然较大；而由于电力供应与保障的制度痼疾始终没有根治且不断花样翻新，佛山地区的电荒依旧愈演愈烈。2008—2012年，佛山电网最高负荷从643万千瓦持续攀升到890万千瓦。其中，2010年，最大电力缺口119万千瓦，全年错峰时间114天；2011年，最高错峰负荷高达140万千瓦，全年错峰时间长达7个月（213天），累计错峰电量约6.095亿千瓦时，大部分工业客户需要执行"开四停三"及以上的错峰级别。

二是从需求方面看，在2008年国际金融危机之后，佛山乃至广东主动加大产业调整与产业转移的力度，至少在用电方面已经有所体现。如图29所示，2007—2011年，广东第二产业用电量占比下降了2.4个百分点、重工业用电量占比更是下降了3.9个百分点；同期，佛山第二产业用电量占比下降了4.1个百分点，而第二产业产值占比却仅下降了2.6个百分点，同样证明产业结构"变轻"、第二产业优化的趋势。而"十一五"以来佛山地区关停高耗能落后企业600余家、转移200余家，直接引发了用电结构的转变，如图30所示，2007—2011年，传统城区禅城区在佛山全市供电量中的占比下降了4.5个百分点，其中，新兴的工业转移承载区（三水、高明）增加了3.2个百分点，传统工业区（南海、顺德）仅微增了1.3个百分点；从最高供电负荷看，禅城区5年来仅微增了3%，南海、顺德增长了37%，而三水、高明最高供电负荷的增长高达83%。

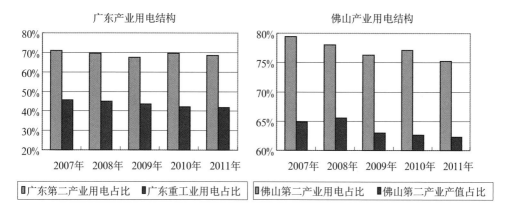

图29　2007—2011年广东及佛山地区的产业用电结构变化

具体数据详见附表22、附表31和附表35。

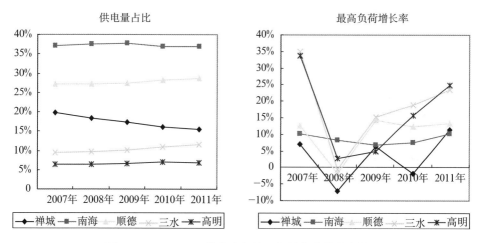

图30　2007—2011佛山内部地区间的负荷分布变化

具体数据详见附表39。

（二）核心矛盾

1. 从整体看

近年来全国性电荒矛盾激化、推动变革的主要背景：一是需求方面，国际金融危机之后，一批"铁公基"项目上马，不同地区间出现产业转移与升级；二是供给方面，在日益市场化与国际化的背景下，近年全球性一次能源价格上涨及波动，使中国煤价、电价等相关环节管制制度的矛盾爆发——长期人为抑制电价造成火电厂严重亏损，持续经营与投资的意愿严重下降，消极购煤、消极储煤、消极发电、消极投资，使中国电力系统最具支撑性的产能受到人为制约。因此，2008年以来的电荒，核心问题在于有效交易短缺。

2.从局部看

在这个历史阶段，电源空心化问题继续发展发酵，使得共性的有效交易短缺问题，在佛山被进一步放大发酵，佛山电力供应与保障问题的复杂性与解决难度不断加剧。1979—2012年，佛山地区电量从15.05亿千瓦时持续增长到502.305亿千瓦时，但与此同时，本地发电能力的发展却先扬后抑，自2000年达到232.92万千瓦之后，即开始受到资源环境制约而显著放缓；2007年装机达270万瓦之后，一批柴油、燃煤小机组、小电厂按"上大压小"政策而强制关闭，总规模达204万千瓦；到2012年年底，在佛山并网发电的110千伏及以上电厂只剩10家，总容量341万千瓦。

但与2003—2006年的上轮电荒情况不同，2008年以来，仅仅通过加大电网建设力度，已经很难有效克服电源空心化问题。在全国性有效交易短缺以及本地电源空心化的背景下，缺乏电力供应与保障领域的地方自主性，成为新的核心矛盾。

（三）基本对策

1.国家层面的主要对策与典型案例

（1）上游价格管制。为了鼓励发电应对电荒，控制上游的电煤价格（包括产能）是中国政府最本能、最习惯性的对策选择。新中国成立以来，曾经施行过统购统销、价格双轨制、煤炭订货会及交易市场、电煤指导价、重点煤炭产运需衔接会等多种电煤管制形式。为了应对本轮电荒，政府前后采取了价格封顶、涨幅限定、约谈煤企等多各种临时性的价格干预措施，同时控制煤炭产能、清理中间加价。

（2）人为滞后型价格联动。2004年12月国家有关部门发布了煤电价格联动机制，但在2007年之后的实际执行中一再拖延联动时间，成为一种人为滞后型价格联动。

在无法再严格控制煤炭等上游燃料价格（包括产能）的情况下，"煤电联动"是最符合市场经济逻辑的政策选择。2004年12月，国家有关部门发布了煤电价格联动机制，即在不少于6个月的1个联动周期内，若平均电煤价格比前一联动周期的变化幅度≥5%，则相应调整上网电价与销售电价。

但在实际执行中，一方面只能在短期内部分弥补发电企业，很快又被煤价上涨所吞噬；另一方面由于有关部门一再拖延煤电联动的时间，反而扰乱了电力企业的正常经营。2007—2008年，电煤价格连续上涨，发电企业多方呼吁，但直到2008年第3季度才实现上网电价联动，仅五大发电集团利润就减少近650亿元，全年亏损300亿元以上，至2009年中才逐步扭亏；2008年8月上网电价平均再次提高2分钱之后，却没有同步提高销售电价，两大电网企业的利润急剧下降近300亿元，2009上半年一度亏损达150亿元左右，直到11月份销售电价实现联动之后才逐步止损；2010年，电煤价格再次显著上扬，发电企业的呼声依然被搁置到2011年第1季度才实现小幅联动联动，而销售电价被延迟联动提高的历史再度重演。

作为对比，2008年底成品油定价与国际油价实行联动以来，上到专家媒体，下到普通司机，都已逐步习惯于油价的波动，在市场出现显著变化时对于油价的涨跌趋势已经可以形成消费预期。而煤电联动政策，由于在执行中没有实现及时化与自动化，使电力企业在经受上游燃料涨价压力之余，由于政策的难以预期更额外增加了企业经营与财务管理的困难与混乱，进一步损害了电力企业的运营与投资能力。时至今日，这种政策执行方式所造成的损害程度，已非小幅补偿所能填补，据来自发电企业一方的测算，几年来被"拖欠"的煤电联动电价涨幅已经积累到每度电0.04元以上。从国际上看，电价管制是普遍的，电价与一次能源价格联动也是常见的，但像中国这样人为滞后的现象，则是反常的。

（3）企业内部挖潜。煤电联动时，"发电企业消化30%的煤价上涨因素"，此政策已经执行8年。

如果把上游燃料价格的上涨作为一个背景条件，那么，由下游企业分担部分成本而并非完全转嫁于终端消费者。在政策上将是对电力投资者在政策上体现了对电力投资者、经营者、消费者各方利益的一种平衡。2004年出台的煤电价格联动机制中，专门设立了激励电力企业内部挖潜的机制，即"发电企业消化30%的煤价上涨因素"，其余部分再通过调整销售电价传导到电力用户。

引导发电企业内部挖潜是合理的公共政策，但这一政策在执行7年后，又面临新的问题，即内部挖潜已接近极限。

2001—2008年我国火电工程单位概算造价从5141元/千瓦下降到4039元/千瓦，单位决算造价从4808元/千瓦下降到4708元/千瓦，降幅分别达到21%和23%。但2005年之后由于原材料、土地等成本上涨，这种下降势头已经停滞。另外，2000—2006年我国供电煤耗下降了25克/千瓦时，在世界主要国家中是改进幅度最大的；2010年，我国供电煤耗继续下降到335克/千瓦时，已经与国际发达国家的水平持平。

在市场经济中，价格管制对于生产者与消费者具有不同的引导作用。一方面，可以引导生产者内部挖潜、提高效率，但这种改进的程度是受到所处时代科学技术与社会条件制约的，不可能无限挖掘；另一方面，通过价格机制及时传导真实的能源供求关系乃至市场波动信号，可以引导终端消费者合理用能、节约用电，可有效缓解能源供给紧张的局面。显然，煤电联动机制在执行7年之后应及时调整。缓解发电企业负担而加强对全社会终端需求的合理引导，"企业内部挖潜"的政策在一定程度上已经光荣地完成历史使命。

（4）增加远距离输电规模，加大输电网建设，提高能源输送系统的专用性，减少不可控环节。

（5）纵向一体化联营，以五大发电集团为代表的大型发电企业纷纷提出向"综合能源集团"转型，加大了对上游煤矿乃至水陆运输项目的投资。

另外，还有建立煤炭交易市场以提高信息透明度乃至对消风险，建设较大规模的煤炭储备体系以平抑市场波动，电煤双方建立长期合约以稳定供应关系，等等诸多设计。

从理论上，纵向一体化的煤电联营可以减少交易成本，稳定火电机组燃料供应。从实践上，近年来以五大发电集团为代表的大型发电企业纷纷提出向"综合能源集团"转型，加大了对上游煤矿乃至水陆运输项目的投资。截至2010年底，五大发电集团所控股的煤炭产能、产量已均达超过5000万、2亿吨（每年）左右；"十二五"期间，五大发电集团所规划控股的煤炭产能可望达到4.5亿吨（每年）左右。

但如果进行客观地分析，纵向一体化的煤电联营难以真正解决第三种"电荒"问题。从理论上，纵向一体化的煤电联营虽然可以减少交易成本，但并不符合专业化分工的客观要求以及客观规律，不符合煤、电两大行业各自的行业特性，将增加管理成本、经营风险与财务压力，并非资源优化配置的有效手段。而且在现行电价机制不改变的情况下，依然无法从根本上抑制倒卖电煤，包括运力指标等行为。而在实践中，近年来发电企业并购煤矿的努力也并不顺利，与地方谈判困难、股权不完整、缺乏专业队伍、各项成本高昂，所能获得的项目多是劣煤老矿，在规模上远远无法满足所需，目前已被迫转战蒙古、越南、印度尼西亚、俄罗斯等国家。与此同时，煤炭企业涉足电力同样困难重重，除了神华集团以外鲜有成气候者。

纵向一体化的煤电联营，本质上属于产业流程再造的范畴，类似的对策建议，还包括不少人建议过的"建立煤炭交易市场"以提高信息透明度，乃至对冲风险，"建设较大规模的煤炭储备体系"以平抑市场波动，"电煤双方建立长期合约"以稳定供应关系，"增加远距离输电规模"以提高流程系统专用性、减少不可控环节，等等。但这类对策，在现行电价机制不改变的情况下，都无法从根本上解决本轮"电荒"的困境，有效保障电煤供应（例如目前很多坑口电厂由于上网电价过低，亏损反而最严重，已经无电可送）。

2. 广东省的主要对策与典型案例

（1）大规模油气机组建设。通过近年强力推进，2011年广东油气发电机组的规模（1124万千瓦）及占比（14%）均为全国最高，如图31所示。在气源、规划等方面获得倾斜，"西气东送"二线、三线以及中缅油气管道均以广东为终端市场，而作为海上油气主要登陆点，广东沿海也已形成巨大的石油产业带。

（2）抽水蓄能项目建设。在地方政府与电网公司的大力扶持下，继世界上规模最大的广州抽水蓄能电站建成投运之后，惠州抽水蓄能电站的各台机组也于2008年开始陆续投运。目前，广东省境内的抽水蓄能电站规模已达480万千瓦、占全省装机容量的5.3%，两项指标均为全国第一。在有功备用、无功调节、提高调峰能力、发挥"西电东送"综合效益等方面日益发挥出巨大的作用。

（3）延续前期一些有效对策。例如：继续加强本地电源及南方电网建设。继续执行高电价政策；"西电东送"（南线），经过多年持续建设已经成为国内规模最大的远距离输电项目，引进了目前世界最先进的±800千伏直流输电技术，输电距离达2000千米，"十一五"以来每年所送电量均超过全省用电量的20%，2009年更是高达28.9%。

（4）提出建立"核电特区"的规划。广东省是中国最早发展核电的地区，目前核电规模占全国的将近一半，中广核集团在中国三大核电运营商中也位居第一，如图32所示。在此基础上，广东进一步提出批量推进广东地区的核电规模化发展，力争到2020年实现全省核电装机容量2400万千瓦、在建1000万千瓦的目标。

3. 佛山市的主要对策与典型案例

影响佛山地区电力供应与保障问题的特殊因素，一是电源空心化，二是地方自主性。因为佛山电网是典型的受端电网，同时也是非独立电网。通过加强电网建设，可以提高受电能力，但无法从根本上解决来自电源供给侧的全国性问题。

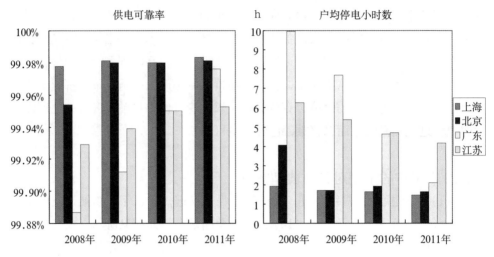

图31　2008—2011年广东、江苏及上海、北京供电可靠性对比

表具体数据详见附表40。

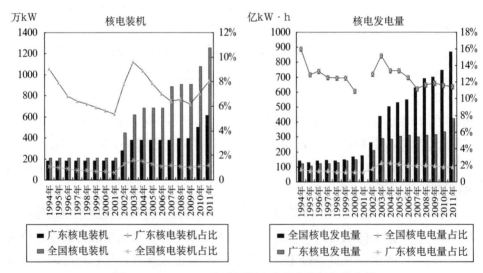

图32　1991—2011年全国及广东核电装机与发电量

具体数据详见附表41。

电网规划建设运营管理权限的不独立，只能放大这些外界的负面影响，而不可能因地制宜、充分满足佛山当地的需求。因此，在应对电源空心化的同时，还必须设法发挥地方自主性，主要对策与经典案例：

（1）继续加强政企合作。电力属于基础服务与公用事业，在规划统筹、项目审批、土地占用、补偿协调等方面均需要政府给予扶持；而中国各地差异巨大，大型央企难以充分满足不同需求，地方政府也有必要进行干预、引导与协调。

（2）提高电网规划水平。现代大电网对于系统协调要求很高，合理规划是优化电网建设发展的前提。电源空心化的受端电网，不仅需要扩大电网规模与元件容量，还应提高网架结构合理性，各区域以及各电压等级均衡发展，这些都要求不断提高电力规划的专业性与权威性。

（3）保障供电安全质量。在季节性、时段性、地区性电荒难以根治的情况下，提高电能质量、保障电力安全是重要的补偿措施。通过质量与可靠性的提高，可以在一定程度上缓解电力供应由于数量不足所造成的损失与影响。

（4）加强电力需求侧管理。电力供需瞬间平衡，因此，节流与开源的意义同等重要。特别是佛山这样电源空心化的受端电网，通过加强电力需求侧管理来实现节流、控制乃至结构调整，是发挥地方自主性几乎唯一的可以选择的手段。

（5）扶持地方能源企业。为了增强在电力供应领域的自主性，扶持地方能源企业是最直接的对策，继20世纪80年代中期组建佛山市电力开发公司，致力于集资办电，2006年佛山继续组建了规模更大、业务更广的佛山市公用事业控股有限公司。

（四）阶段成效

1. 全国层面的阶段成效评价

在全国层面，虽然采取了大量措施，但随着中国日益市场化、国际化，重运行调控、避深化改革的治理策略，对于本轮电荒的效果均非常有限，新型电荒已成慢性社会癌症。

（1）上游价格管制。新中国成立以来，中国电煤管制的总体走势是：价格不断上涨，政府逐步失控。特别是在近年国际化、市场化的大背景下，一方面随着市场化发展，发电企业需要与冶金、建材、化工等行业平等竞争竞购煤炭；另一方面随着国际化进程，煤炭价格追随油气价格、国内价格追随国际价格的走势，中国政府对于电煤价格的管制已经完全失效，2012年被迫宣布取消重点电煤保障机制，实行完全市场化。与此类似地，政府直接控制煤炭产能、预期杜绝中间加价，在市场化、国际化的大背景下，也几乎成为不可能完成的任务，不断演义屡战屡败、屡败屡战的重复与循环。

改革开放以来，每吨电煤的价格从20世纪80年代的20～30元、90年代的100元左右、21世纪初的200～300元，一直上涨到800元左右。如图33所示，动力煤价自21世纪初开始追随国际一次能源大行情出现了2.5倍以上的增长，而电力销售价格仅增长了30%～40%（详见附表43），同时还出现降低煤质、不兑现合同等情况。

图33 2002—2012年秦皇岛5500大卡动力煤平仓价

具体数据详见附表42。

（2）人为滞后型价格联动。仅在很短时段有一定效果，一方面联动幅度不足，根据电力企业测算，由于煤电联动不到位，上网电价至今被"欠"已达0.067元/千瓦时；另一方面人为延迟难以预见，反而对电力企业生产经营秩序制造混乱。

（3）企业内部挖潜。此政策执行8年，潜力早已挖尽，成为企业负担。

（4）纵向一体化联营。效果非常有限，电力企业难以拿到优质资源，近年来反而屡向煤炭企业出售资产。

（5）增加远距离输电规模。效果非常有限，虽然输电网建设力度不断加大，但跨区输送电量的占比依然只有3%左右，跨省输送电量2005年以来仅仅从11%增加到13%左右。

总之，由于政策设计以及执行中的问题，中国发电企业经营状况日益恶化，电荒始终难以根治。2002—2010年，五大发电集团平均资产负债率从64.8%飙升到85.1%，煤电业务全面亏损、依赖风电补贴以及非电业务交叉补贴，火电投资在结构占比上从70.17%直线跌落到28.29%，系统电源的支撑性可控性日益下降。

如图34所示，2003—2011年，中国火电行业总利润从458亿元下降到206亿元，同期煤炭行业总利润却从140亿元飙升到4337亿元。由于价格-税收-补贴流程不畅，资源价值分配矛盾完全郁结于生产领域，使煤炭企业与火电企业形成此消彼长的零和死结，极大恶化了产业秩序，人为遏制了火电企业的发电意愿与发展意愿，使新型电荒长期难以根治。

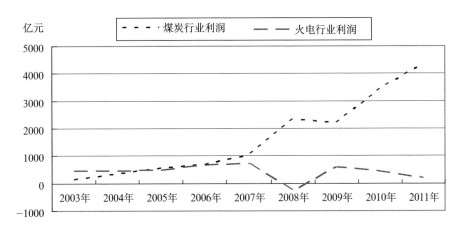

图34 2003—2011年中国煤炭、火电行业利润总额

具体数据详见附表44。

2. 广东层面的阶段成效评价

在广东层面，对于治理本轮电荒，各种对策效果同样不佳，在这一轮新型电荒中，广东的供需矛盾在全国范围依然是比较突出的。

因电价政策宽松，全国性的资源价格体系问题在广东省境内直接的表现并不突出，2011年煤电机组实际利用小时数超过6000小时；但在"西电东送"的电源省份、相对贫困的贵州地区，因煤价问题造成火电利用小时数低于全国，使贵州电力外送能力大幅下滑，间接影响到广东的电力供应。

除此以外，广东还存在一些独特的或新的不利因素：

（1）省间交易问题。"西电东送"（南线）本为广东量身打造，近年来云南、贵州与广东之间已经形成"8交流5直流"的西电东送大通道，通道最大输电能力已经达到2415万千瓦。但随着经济与社会发展，云南、贵州等资源输出省或者自身经济发展、外送能力下降，或者追求资源本地增值以及要求提高价格，近年来西电东送履约率已经难以保证，不仅送电量占比下降了近10个百分点，而且电量规模也下滑到2008年之前的水平。2011年广东接收西电最大电力2320万千瓦，全年受西电电量894亿千瓦时，比"十二五"西电东送框架协议减少了161亿千瓦时，实际完成率仅为85%。这种由政府主导的跨省区资源配置，协调难、落实难、保障难。

（2）油气垄断问题。随着环境约束日益严格、电网峰谷差不断扩大，广东借助经济与地缘优势进一步发展先进油气机组的要求非常迫切。但目前油气开发及进出口权高度集中于中央层面以及少数垄断型央企，缺乏地方发挥自主性的空间，广东的燃气机组因气源问题推迟上马或开工不足问题日益突出。2011年夏季用电高峰时段，广东由于燃料受限而缺气停机的燃气机组占到全部机组的1/7。

（3）核能安全问题。日本福岛事件之后，全球包括中国的核电建设大幅停滞，广东庞大的核电规划被迫后滞。

3. 佛山层面的阶段成效评价

（1）通过加强政企合作推进电网建设。2008年，建立了电网建设预警制度及属地责任制；2009年，佛山市政府制定《佛山市加快输电网工程建设激励方案》，与各区政府签订了加快电网建设目标责任书；2010年，通过签订"合作备忘录"推动电网建设；2011年，继续开展政企战略合作推进电网建设。截至2012年底，佛山已建成投运35kV及以上线路475条、总长4121.517千米，变电站202座、主变容量4569万千伏安，其中，500kV变电站4座、220kV站29座、110kV站168座，初步形成以500kV变电站为核心的"7+6分区互联"大电网格局。（数据详见附录45）

（2）提高规划水平优化电网结构。2008年，编制发布了《佛山市电力系统专项规划》，开展了输变电工程后评价、环境影响评价等。2010年，对佛山"十二五"电网规划进行了修编，开展了110kV电网优化研究。2011年，开展了电力专项规划修编工作。截至2012年底，佛山电网已形成了以500kV站点为供电中心、220kV环网为骨架、110kV布点深入负荷中心的环网分区供电网络，电网结构日趋优化，达到国内一流水平。

（3）保障供电安全质量。目前佛山地区电网运行达到较高现代化水平，连续无事故天数曾超过1100天，所有110kV、220kV变电站全部实现无人值守，配网线路87%可转供电、70%为带电作业并进一步发展到带负荷作业，电压合格率、供电可靠率等电能质量指标也不断提高。如图35所示，仅仅从2009—2012年的4年间，佛山地区电力用户的平均停电时间就从5.94小时下降到1.97小时，全口径用户平均停电次数0.65次，可靠性水平在国内仅次于上海，蝉联"金牌供电企业"。

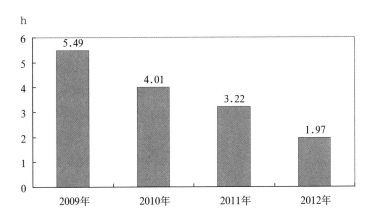

图35　2009—2012年佛山地区电力用户平均停电时间

　　（4）加强电力需求侧管理。2008年，发起成立了南方五省第一家市级节能协会，开展节能服务"绿色行动"。2009年，在佛山建立了第一个"合同能源管理示范项目"以及12个节电改造示范点。2012年11月，批复通过佛山为全国3家"电力需求侧管理综合试点"城市之一。计划利用中央财政资金17760万元、地方配套8880万元，用3年左右的时间，建成30万千瓦左右的能效电厂、9.5万千瓦左右的蓄冷项目（转移高峰负荷9万千瓦）和6万千瓦左右的机动调峰能力（转移高峰负荷实现在线监测）。

　　（5）推动智能电网发展。2011年，市委市政府提出了《四化融合、智慧佛山发展规划纲要》，明确提出信息化与工业化、城市化、国际化的高度融合。2009年开始承担了两项国家"863计划"的相关项目，通过"智能配电网自愈控制技术研究与应用"，建成了含多种分布式电源及储能系统的示范园区，用户平均故障停电时间由原来的8.76小时缩短为5.2分钟；通过"分布式天然气—冷、热、电联供能源系统"与"分布式能源系统中微网及微网与主网联接关键技术研究与示范"，建成了一个MW级燃气轮机的高效天然气电冷联供示范系统，已通过了科技部验收，初步具备了产业化规模。2011年，还建成了南方电网系统第一个智能家居样板房，内涵11项专利技术。另外，顺德、三水等地还开展了太阳能光伏、电动汽车、锂电池等相关项目。

（6）优化本地电源项目发展。虽然佛山电源空心化严重，本地电源不可能满足自身用电需求，佛山本地电源建设转而更加注重综合效益。例如：2003—2004年，溢达、金丰、佳顺等一批利用工厂余热余压发电的循环节能项目建成投产；2004年，福能（沙口）电厂具有调峰应急等综合效益的36万千瓦燃气发电项目建成投产；2009年，南海（新田）电厂二期2×30万千瓦能效更高的大型热电联供机组建成投产；2011年，佛山垃圾发电环保电厂从1.5万千瓦规模扩建为5.5万千瓦，而恒益电厂则通过"上大压小"，从2×6万千瓦小机组一举跃升为2×60万千瓦大型高效机组。

（7）"佛山公用"良好发展。自2006年组建以来，佛山市公用事业控股有限公司得到了良好的发展。公司业务覆盖到供水、污水处理、天然气管网、发电、海外投资等多个领域，并逐步形成一定的业务集群优势。在电力领域，与广州发展集团合作开展恒益电厂"上大压小"项目，2×60万千瓦大型高效机组于2011年并网发电。2010年，佛山公用的营业收入达到35亿元，并在中国香港拥有上市公司（盈天医药），在全国水/气/电新型组合业务典型企业中规模仅次于新奥燃气，为佛山地区基础网络智能化发展奠定良好基础。（具体数据详见附表46）

总的来说，佛山为应对新型电荒，在加强并优化电网建设方面已经竭尽全力，在开展需求侧管理、推进产业转型方面也堪称人先。但由于电源空心化的先天不足以及地方自主权方面的制度制约，这些措施是必要而不充分的，因此，近年来佛山的电荒问题同样呈现出常态化、长期化的态势。

4. 2008年以来的这种新型电荒到底如何根治

在国家层面，电力是二次能源，上游的煤炭成本一般可占到中国火力发电成本的60%～70%。2002年以来，全球范围普遍出现一次能源价格上涨，以石油为先锋，煤价也普涨2倍左右，很多国家的电价也水涨船高平均提高2倍左右；而在中国，虽然煤价追随国际市场出现了2.5倍以上的增长，而电力销售价格却仅增长了30%～40%，特别是在"市场煤，计划电"的经济转型期，这种一次二次能源价格变动的罕见落差，完全来自于人为的政策因素。（具体数据详见附表47与附表48）

而应对目前新型"电荒"的核心难点，正是突破人为压低电价的政策惯性，否则其他对策的效果均会被打折扣，而其背后则是资源价值分配的复杂问题（具体如图36所示）。

联动政策之所以在执行中人为滞后，恰是背后税收政策、补贴政策严重缺位的体现，是公共政策系统性思维缺失的反映，也是国家调控手段不足、缺乏"组合拳"的表现。

在2007—2011的五年间，全国发电行业的总利润只有1694亿元，而煤炭行业仅仅统计公开的利润数据即高达13362亿元，不仅在上下游产业环节之间形成上万亿元的政策倾斜，而且由于资源税、暴利税等宏观调控手段缺失，使上万亿元的热钱失去控制。

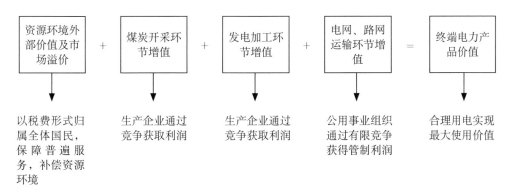

图36　（煤）电产业价值链

因此，若想真正打破低电价的潜规则，还必须在更加宏观的层面上深化改革，最终在能源资源领域建立"高税收-高电价-高补贴-强监管"的新型公共管理体系。

世界上只有4种电力（能源）供应模式：

（1）短缺而昂贵——必被离弃之地。

（2）短缺而廉价——中国，产业链低端的世界工厂。

（3）充裕而昂贵——日本、欧洲，精耕细作，量入为出。

（4）充裕而廉价——美国，不容复制；

　　　　　　　　——海湾国家，天赐，可持续？

在市场化国际化背景下，电力（能源）的供应模式，须要从"低价而无奈短缺"，转向"高价而自觉节能"。电力供应的保障程度，取决于资源禀赋，取决于系统整合与国家治理能力，同样取决于本土、本民的群体理性与公共智慧。

在地方层面，电力供应与保障问题具有鲜明的地域特性，在全国整体电力供需形势之下，每个地方还有自己的特殊情况及一些技术型因素。例如：在广东层面，存在"西电东送"交易机制以及一次能源采购权等问题；在佛山层面，则存在电源空心化以及地方自主性问题。因此，电力供应与保障问题，不仅是一个时间概念，同时也是一个空间概念，在未来，不仅全国层面，在广东、在佛山层面还都可能出现不同类型的电荒。

因此，全面解决各个层面的电荒，不仅需要全国性的应对政策，更需要因地制宜的地方性对策。而提高应对策略针对性的根本，则在于权力／责任机制的合理设计。既然国家不可能实现对于各个层面的普遍兼顾，就理应合理放权给予地方相应的自主权；同时只有赋予地方应有的自主权，才能进一步形成电力供应与保障的长效责任机制，推进基本公共服务和公共设施的均等化。

电力具有范围经济的突出特性，100多年以来从点到片、从小型供电区到现代大电网，经历了一个成长的历程。在世界绝大多数国家，电力都属于地方事务，包括采取合作社等非营利组织的业态。新中国成立以来，中国管电体制多次变革，集权／放权多次变化，但中央与地方之间的分级分权没有改变。近年来，中央电网企业以高度集权的方式进入地方电力领域、争夺市场、划转资产，地方政府则逐步淡出、逐渐形成用户心态。显然，这并不利于应对各个层面不同类型的电荒。

五、电荒应对的理论与实践

（一）应对电荒的经验与规律

如前所述，中国经历了多次不同类型的电荒，全国—广东—佛山等不同层面都进行了积极的应对，无论最终的效果是否顺意，类似的情景会否重现，其间已经呈现出大量值得总结的经验教训以及丰富多彩的客观规律。如表3所示。

1.技术路线

现代电力产业具有普遍联系、快速反应，分层交易、多边实现，超前投资、有限竞争，基础服务、公共管制等诸多鲜明的技术经济特性，电力供应与保障的首要原则就是必须遵循客观规律，执行合理的技术路线。如果违背客观规律，轻则元件制约、系统失衡、投资效益无法发挥，重则引发系统安全稳定事故，从根本上背离电力供应与保障的初衷。

表3　全国—广东—佛山历次电荒应对情况一览表

年份	全国		广东		佛山	
	现象—原因—对策—效果		现象—原因—对策—效果		现象—原因—对策—效果	
1978—1996年	现象： 长期缺电，计划用电、低水平供电		现象： 需求快速增长，矛盾突出		现象： 最大缺口48%，电网落后	
	原因： 独家办电，投资缺乏	对策： 减少壁垒，多家办电；保障回报，集资加价	原因： 战备地区，缺乏投资，水电为主	对策： 发展核电、地方电企，引进外资，上市，提价	原因： 缺乏投资，水电为主	对策： 发展地方电企，集资加价，发展小火电、自备电厂
	效果： 投资增加，企业增加，装机增加，发电增加——超过应对		效果： 多种渠道资金空前，各类电企多元竞争——成功应对		效果： 增购用电权，地方电源增长、电网升级——成功应对	

(续表)

年份	全国		广东		佛山	
	现象—原因—对策—效果		现象—原因—对策—效果		现象—原因—对策—效果	
2003—2006年	现象：突然爆发，经济损失大，社会影响大		现象：出现较早，供电缺口迅速扩大		现象：工业化城镇化发展，电力电量双缺，资源环境影响浮现	
	原因：审批政策失误致装机短缺	对策：放松管制、默许违规；规范竞争，独立监管	原因：经济危机后需求大反弹	对策：充分违规建厂，主动厂网分开；坚持高电价，地方电企；扩大西电东送，加强南方电网	原因：典型的电源空心化	对策：强化电网，改造农网，供电改革，政企分开
	效果：快速大量增加装机，形成比较竞争格局——成功应对		效果：地方电力格局完整，电源电网并重，电荒缓解——成功应对		效果：电网投资建设空前，政企合作加强——对"空心化"效果有限	
2008年—	现象：设备闲置与电荒并存，地域、季节及电荒诱发因素均泛化		现象：供电缺口规模全国第一，形势更加严峻，产业调整与转移启动		现象：供需矛盾突出，产业调整与转移初显成效	
	原因："铁公基"上马，资源价格管制体系失败，有效交易短缺	对策：人为滞后型价格联动、上游价格管制、纵向一体化等	原因：主要受全国形势影响，但空心化、自主性问题同样存在	对策：发展油气、扶持抽蓄；坚持高电价，扩大西电东送，规划核电特区	原因：电源空心化依旧，地方自主性更加缺乏	对策：优化规划，政企合作，提高安全质量，加强需求侧管理，扶持地方能企
	效果：各项对策效果低微，电荒长期化		效果：出现省间交易机制、油气垄断、核安全等新的制约因素，对策效果不佳		效果：电网优化竭尽全力，需求侧管理、智能化启动早，地方能企良好发展，但措施仍不充分，电荒常态化	

（1）先安全后发展

安全是电力发展以及供应保障的基础，从广义来说，供需平衡本身即属于电力安全概念范畴（供需平衡与可靠性、事故应急并列为电力安全的3个范畴）。中国电力安全水平世界领先，从20世纪90年代以来，没有发生过类似美/加大停电、伦敦大停电、莫斯科大停电那种规模的系统安全事故。其经验：一是将电力安全管理包括调度管理这些公共管理活动赋予行政权威，给予法律法规与资金人力支持；二是深入研究系统安全客观规律，发布实施《稳定导则》等一系列电力安全技术规范与技术标准；三是持之以恒地建设与发展电力安全文化，"电力生产，安全第一"等理念深入人心，"天打五雷轰"等传统惧电文化得到转化与升华。

(2) 先规划后建设

统一规划不仅是行政审批的前置条件，也是现代电力系统发展有效保障电力供给的内在需要。中国幅员辽阔，国情复杂，电力系统规模庞大，系统性要求非常高，客观上对于电力规划的需要比较迫切。一是坚持统一规划的系统性，努力追求标准统一、时序协调、层区均衡、发用平衡、元件配套、参数匹配、系统优化、整体高效的目标；二是坚持行政主导的独立性，尽可能减少来自利益集团的干扰，努力提高规划专业能力，或者建立相互制衡的制度机制；三是坚持先规划后建设的权威性，即使由于市场意外变动造成规划被突破，依然尽量维持规划体制的权威。

(3) 先水利后电力

新中国成立以来中国管电体制多次变革，其中一条脉络主线就是水利—电力之间发展重心的调整（详见附表49）。新中国成立之初，百废待兴，水电装机比重不足10%。1958年，将水利部、电力部合并为水利电力部，集中力量兴修水利，水电作为防洪、灌溉、航运等水利综合效益的一部分也获得更多倾斜。在1958—1988年的30年中，这种管电模式长达26年，相应地，水电装机比重从1958年的19.4%持续提高到1973年的30.4%，并连续13年保持在30%以上。改革开放之后电力需求激增，水电缺乏支撑性的矛盾凸显，1985年，集资办电政策出台之后各地纷纷上马大批小火电项目，1986年水电装机比重应声落回到30%以下（29.4%）。1988年水利、电力管理机构彻底分家之后，电力尤其是火电高速发展，水电装机比重连年下降到2011年的21.9%。如图37所示。

(4) 先电厂后电网

电源/电网协调发展是电力系统规划的重要原则，而在现实中，由于电源选址往往更具排他性，电源投资者对于电力需求更加敏感等因素，电源建设往往更显先导作用，一些项目宁愿自建并网工程也要争取尽快上马。如图38所示，1978—2011年中国电源、电网建设投资累计分别达37515亿元、27338亿元，前者比后者累计多投资1万多亿元；而且在绝大多数年份，电源投资都显著高于并早于电网，最大差额超过1500亿元（2005年）。

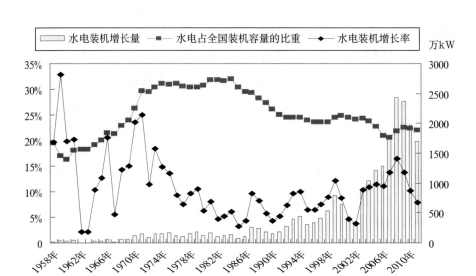

图37　1958—2011年中国水电装机占比、增速及增量

具体数据详见附表50。

图38　1978—2011年中国电源及电网投资

具体数据详见附表51。

　　"先电厂，后电网"的另一标志就是发/用设备比的变化。20世纪80～90年代，电力发展的核心就是上马电源，用电设备与发电设备容量的比值增长不多甚至出现下降；而到21世纪以来，各种输电阻塞、电网"卡脖子"问题层出不穷，电网建设的价值逐步引起高度重视，相应的建设投资与建设规模不断追赶，由此造成用电设备与发电设备容量的比值不断提高。这也就意味着，通过成功的电网建设，改善结构，缓解阻塞，合理分配电力电量，提高资源的优化配置水平，同样的电源规模可以满足更多的用电设备使用。如图39所示。

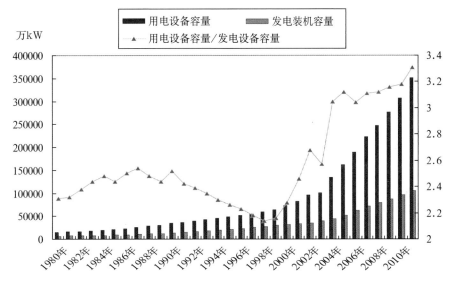

图39　1980—2011年中国电力系统发/用设备比例

具体数据详见附表52。

（5）先线路后站点

电网建设主要包括输配线路建设与变电设施建设两个部分，一个电网的发展一般是先延伸线路长度再增加站点密度，先用上电再用好电。如图40所示，1978—2011年中国35kV及以上输电线路长度增长了5.1倍，同期变电设备容量则增长了29.6倍。这一方面反映了先线路建设后站点建设的一般历程，同时也反映出用电负荷密度逐步增大、供电质量要求越来越高的趋势。

（6）先主网后配网

电网建设还可分为主网建设与配网建设两个层面。"十一五"期间，中国750-220kV输电线路长度年均增速达11.2%，同期110-35kV配电线路年均增速只有4.4%；750-220kV主网变电设备容量年均增速高达18.7%，750-220kV配网变电设备容量年均增速则只有10.8%（数据详见附表53）。一方面，中国电力发展长期重发轻供，终端配网的投资建设长期落后于主网架；另一方面，随着各地电源建设日趋选择大机组高电压并网，同时普遍注重加强网间联系引进外来电源，因此，先加强主网再充实配网，也具备技术上的合理性。

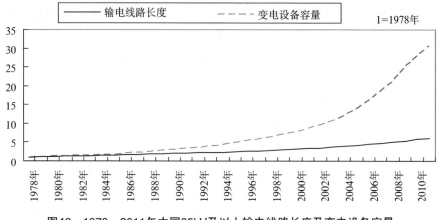

图40　1978—2011年中国35kV及以上输电线路长度及变电设备容量

具体数据详见附表2。

（7）先供电后用电

改革开放以来，中国处于从传统计划经济向市场经济转型的漫长历程，反映在电力发展上是经历了从"只管生产、不管使用"，向需求/供给兼顾的转变。电力产业链环节较多，而其特殊的技术经济特性又要求各个环节瞬间平衡，否则不仅造成资产效益难以良好发挥，而且降低电力供应与保障的能力。在投资匮乏、装机短缺的阶段，中国电力发展的首要任务是提高生产能力，但随着资金以及设备投入的边际效益下降，加强需求侧管理、提高用电技术的价值日益凸显，相应地，建设投资也成为新的热点。

如前所述，先电源后电网、先线路后站点、先主网后配网、先供电后用电的电力发展时序，在全国、地区（广东）、城市（佛山）等层面都有一定的体现，本身具有一定的合理性，反映了抓住主要矛盾、集中力量解决核心问题的思维；但换一个角度看，这一技术路线也反映了中国电力发展的实施主体特别是管制主体始终是以从上至下、从中央到地方为主，基层的自主性、积极性、创造性长期处于被抑制状态，其特殊的需求、特有的理念、独家的机会、超前的预见并不总能有机会得到理解与实现。

2.政策逻辑

电力供应与保障是一项典型的公共事务，世界绝大多数国家都以不同方式、从不同角度对电力进行不同程度的管制。任何管制制度与政策，除了受到产业自身技术经济客观规律的制约，还受到管制体制以及双方互动的影响，具有内在的逻辑性与规律性。如果主观意愿过重，突破应有的政策逻辑，势必难以科学决策，甚至对电力供应与保障造成负面影响。

（1）准入政策

电力是资金技术密集型产业，持续经营时间长，社会影响范围广，主体准入的管制政策具有一定必要性。改革开放以来，中国电力经历了独家垄断—多家投资—规范竞争等几个不同的历史阶段。20世纪80年代中期，随着《关于筹集电力建设资金的暂行规定》、《关于鼓励集资办电与实行多种电价的暂行规定》等一系列政策出台，沿袭多年的独家办电局面被打破，各个地方各种类型的投资者如雨后春笋，快速形成多元市场格局，对于应对电荒具有决定性意义；2002年，为避免重蹈"一抓就死，一放就乱"，针对系统内外公平开放、省间市场壁垒等问题，国务院发布《电力体制改革方案》，建立独立监管机构，规范电力市场竞争。如图41所示，截至2011年底，仅6000千瓦以上规模的发电企业全国就有将近5000家。

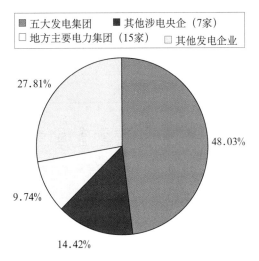

图41 中国发电市场结构示意（2012年）

具体数据详见附表54。

（2）价格管制

电力既有普通商品属性，又具有公共产品特征，对于电力价格进行管制，是世界通行的做法。合理的电价政策，还具有吸引投资、引导消费、合理配置资源的作用，更是应对电荒的最核心的政策手段。改革开放以来，中国电价经历了高来高走—人为抑制—多元目标等几个不同的历史阶段，对于电荒的影响堪称"成也萧何，败也萧何"。改革开放之前，中国长期实行目录电价，价格水平很低，增长幅度很小，1976—1987年均增速只有0.9%、价格始终维持在0.08元/千瓦时以下；20世纪80年代中期开始，为配合吸引投资，陆续出台了还本付息电价、燃运加价、电力建设基金等扩张性的价格政策，1987—1998年电价年均增速达到13.9%，成为应对电荒的核心动力；90年代中后期，随着电力供需矛盾缓解电价政策也出现转型，出台了经营期电价等约束建设成本的电价政策，1998—2003年电价年均增速回落到7.7%；2003年之后，陆续出台标杆电价、竞价上网等抑制性的电价政策，在国际一次能源大幅涨价、国内大规模电力建设并不断提高社会责任成本的情况下，2003—2010年电价年均增速被人为抑制在3.9%，成为推动乃至诱发电荒的重要制度因素。

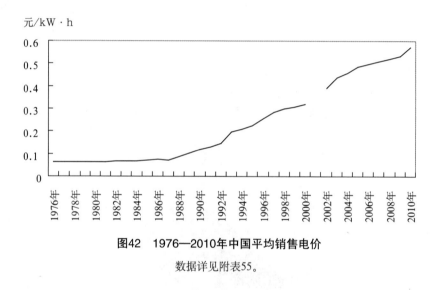

元/kW·h

图42 1976—2010年中国平均销售电价

数据详见附表55。

（3）项目审批

项目审批是电力管制制度中最刚性的措施，由于中国长期处于快速增长阶段，因此，通过行政指令控制电力项目建设，必然直接影响到电力供应与保障。改革开放以来，中国电力项目审批经历了鼓励—稳定—抑制—放松—优化等几个不同的历史阶段，对于应对电荒有失误也有贡献。如图43所示，1980—1988年，为应对长期缺电的局面，项目审批、电价等政策领域都以鼓励为基调，发电装机增速从5%以下跃升到12%以上；1988—1998年，电力供需矛盾有所缓解，电力项目审批政策逐步趋稳，发电装机增速也基本稳定在10%上下；1998—2002年，亚洲金融危机之后有关部门做出"3年不上新电厂"等抑制性政策，致使发电装机

图43 1980—2011年中国发电装机及火电装机增速

具体数据详见附表56。

增速从9%左右骤降到5%的水平；2003—2007年，随着中国重化工业发展新世纪初突然爆发装机短缺的硬缺电，有关部门不得不放松管制，默许各地快速上马大量"违规"机组，发电装机增速迅速提高到15%~20%的高位，年度新增装机容量超过1亿千瓦时；2008年至今，随着硬缺电的缓解，电力项目审批政策出现新的动向，并接受历史教训不再谋求严格控制规模而转向调整结构，发电装机增速回落并在10%左右徘徊。

（4）产业政策

电力是典型的公共事务，对电力进行不同程度的管制在世界各国是普遍的，但具体的方式方法是不同的。在中国这样从传统计划经济向市场经济转型的国家，政府管电的方式也从直接干预企业经营、硬性规划审批项目，逐步转向通过各种产业政策与财政金融政策来调整优化产业结构、引导产业发展，对于电力供应保障具有不同的影响。近年来，对于电力供应与保障影响较大的产业政策，一是容量结构调整，2006—2011年通过实施"上大压小"政策，全国累计关停8744万千瓦老小发电机组，全国火电机组平均单机容量从6.2万千瓦提高到11.4万千瓦（数据详见附表57和附表58），通过容量结构调整显著提高了发电效率与能力，但在一些地方也出现了缺乏支撑电源的系统结构隐患。二是排放结构调整，如图44所示，经过推行大量技术、法律、财政、金融措施，中国电源投资的排放结构已经出现巨大改变，2004—2011年火电投资比重从70.2%下降到28.3%，同期风电、核电比重则分别从0.63%、1.95%跃升到22.33%、19.94%，通过排放结构调整，中国电源结构更加多样化清洁化，但在电网调峰、系统稳定等方面也带

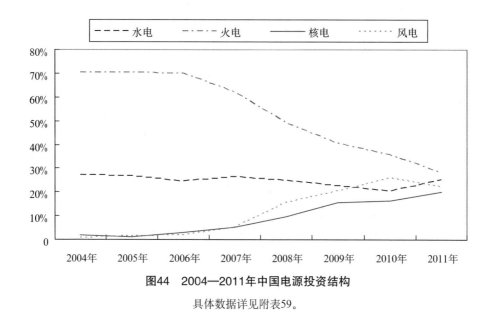

图44　2004—2011年中国电源投资结构

具体数据详见附表59。

来新的挑战。

　　（5）政策落点

　　应对电荒、保障电力供应需要很多针对性的政策措施，而30几年来，有关政策的落点与侧重点也在不断调整变化，经历了政府—企业—社会等几个不同的历史阶段，反映了电荒及其应对的演进。在1978—1996年阶段，应对电荒的主力是地方政府，独家办电的体制垄断被打破之后，各地发展电力的积极性得到空前解放，无论广东还是佛山，各级政府都用足政策竭尽所能大干快上。在2003—2006年阶段，应对电荒最抢眼的是发电集团，针对装机短缺的硬缺电，中央/地方发电集团都抢抓机遇上马项目，在缓解电荒的同时自身也得到长足发展。而2008年至今，应对电荒对于需求侧管理的要求日益迫切，调整用电结构、优化用电行为、降低用电强度等无法仅仅依赖政府以及供电企业，还需要全社会的参与和认同。

　　（6）责任机制

　　电力供应与保障是一项公共事务，需要处理好责任代理的制度安排。由于电力范围经济的特殊属性，基层民生用电更接近于地方事务，世界各国电力系统也多由地方小网逐步联结发展而起；而中国地区之间资源分布不均，在资源配置方面更多需要国家层面的统一协调。因此，不同层面、不同角色的分工合作，是中国电力保障机制的要点之一，改革开放至今，经历了中央/地方—政府/企业等几个不同的历史阶段。改革开放之前，中国电力供应责任机制的演变主要在中央与地方之间，权限是上收还是下放？结构是两层还是三层？但在大多数时候省以内多为双重管理或者地方为主；改革以来，随着政企分开改革不断深化，保电责任的演变逐步转变为大型央企与地方政府之间，特别是2002年之后，中央电网企业以高度集权的方式进入传统的地方领域，划资产，占市场。相应地，地方政府则逐步淡出供电领域乃至形成"用户心态"，基层电力供应日益缺乏权责对等的保障机制。

3. 电荒治理与市场化改革

系统回顾1978年以来中国应对不同类型电荒的历程，可以引发一些思考：

● 中国式的3类电荒，都是供给危机而不是效率危机，均是公共管理落后于社会需求、生产关系制约生产力的结果。

● 随着电荒类型演进，矛盾的爆发点从内向外不断扩展，保障电力供给的成本代价越来越大，须由生产者与消费者共同承担。

● 吸引投资、提高效率的最好手段是市场化——明晰产权、规范竞争，在培育市场主体的同时，必须加强公权建设。

● 目前，"改革开放"年份已经超过新中国成立年份的一半，在常态化的深化改革中，增加"系统性"是重要一环，根治电荒需要超越电力行业的政策组合与系统整合。

20世纪80年代以来，一场电力市场化改革的浪潮席卷全球。主要目的一是吸引投资、保障供给；二是引进竞争、提高效率。其中，发展中国家以前者为主，发达国家以后者为主。中国在1996年之前明确地以前者为主，从1997年开始逐步转向后者。

而无论为了吸引投资，还是为了引进竞争，世界各国不约而同选择了"市场化"的改革方向。究其动因，所谓"市场化"改革最核心的价值，一是明晰产权，二是有效竞争。由此也界定了电力市场化改革的基本内涵（结合电力行业技术经济特性）。

在明晰产权方面，核心是建立同等有效的私权与公权制度。其中，前者主要包括经营（定价）机制的清晰可行、国有资产业务边界/经济规模的合理界定；后者主要包括政府层面规划/标准/产业政策等能力建设与技术支撑、行业层面调度/安全体系建设、社会层面的民生保障/普遍服务/环境保护制度。

在有效竞争方面，核心是为市场主体的竞争行为提供有效的保障体系。其中除了规则保障（法律法规，也包括市场交易规则、安全技术规则等专业规范）以外，一方面是结构保障（行业横向/纵向相对均衡，可比较，可竞争），另一方面则是机制保障（通过披露制度/市场平台促进信息公开，并完善交易服务/外部监管等公共环节）。

由此反观中国的电荒治理，通过政企分开、多家办电逐步明晰产权，通过比较竞争、市场监管引导有效竞争，均是电力市场化改革的成功范例。前期简单持续提价、收益过度保障；后期人为抑制电价、企业难以持续，则是权力经济不靠谱的又一经典。

总的来说，治理电荒是中国电力市场化改革的初始动力，而深化市场化改革，也将是治理电荒的必由之路。

一是把握总体形势。中国依然处于城市化、国际化、工业化的进程当中，各种形式的电荒还将此起彼伏。1997年亚洲金融危机短暂的供大于求，给21世纪初更加凶猛的电荒埋下伏笔。因此，在可以预见的未来，保障供给都应该作为中国电力改革发展的第一要务。

二是抓住改革要害。与中国城市化、国际化、工业化相伴随的，是从计划经济走向市场经济的制度转型。而中国电力市场化改革的进程表明，市场主体容易塑造，公权制度建设艰巨。目前电力领域的国家决策能力控制能力下降，基层民生保障制度不健全，调度机构等行业核心公器错位，这些都是进一步深化改革的要害。

三是依托行业特性。目前中国电网企业的集权力垄断/业务垄断/市场垄断于一身，公权/私权兼具，独买/独卖合一，（国家电网）经营规模更超越世界电力企业规模经济之上限。电力产业具有鲜明的技术经济特性，违背客观规律者势必难以持续，同时也影响全行业健康发展。

纵观历史上历次重大制度变革，均需要强大的动力来克服必然的阻力，由此产生三大驱动模式——问题驱动、需求驱动、成效驱动。通过深化电力市场化改革可以有效推进电荒治理，而治理电荒本身显然也可为推进改革提供强大的动力。

（二）电荒形成机制初探

如前所述，1978年至今中国已经面对过至少3类不同的电荒，展望未来，显然还须做好准备以应对更多的挑战——为什么会有这么多电荒？而且"道高一尺，魔高一丈"，花样翻新、应对不休？

现代电力系统具有瞬间平衡等技术经济特性，对于整体协调的要求高于任何基础网络，而在国际化、市场化、城市化、工业化进程中，影响电力供应的因素更是非常多样的。除了历史上已经发生的投资不足、装机短缺、价格及审批等问题，在整个中国电力产业层面，要素投入、产业链协调、管制制度与政策等都是决定电力供应与保障的基本要素。

1. 要素短缺型电荒

电力的生产加工是一个系统工程，需要多种要素的投入。除了已经出现过的投资短缺，还可能有很多潜在的要素瓶颈，随时可能浮出水面制造硬伤。

（1）能源资源要素

随着电气化的发展，1978—2009年中国一次能源（包括煤炭、油气、核燃料以及各类可再生能源的一次能源资源）中用于发电的比重已经从20.90%提高到40.96%，2009年用于发电的一次能源已经达到12.7亿吨标准煤，目前每年全国煤炭消费量50%以上由电力行业。（数据详见附表60和附表61）

（2）资金要素

电力建设需要规模巨大的资金投入，目前每年仅基本建设的电力投资规模将近8000亿元。1980年以来电力基建投资累计已达6.4万亿元，占同期全社会固定资产投资的3.7%（数据详见附表62）

（3）土地要素

电力设施的建设需要占用一定的土地资源。不仅水库可能淹没大量土地，风能、太阳能开发也会与养殖畜牧等成业争地，而近年来城市站址路径更是成为电网建设的新瓶颈。

（4）水资源要素

我国水资源总量为2.8万亿立方米，人均水资源量为2200立方米，仅为世界平均水平的四分之一。全国669座城市中有400座供水不足，110座严重缺水；在32个百万人口以上的特大城市中，有30个长期受缺水困扰。火力发电虽然不是最大的耗水产业，但仍是最主要的用水大户，特别是在水资源匮乏地区必然形成矛盾。

（5）环境容量要素

随着城市化发展，人口与财富快速聚集，对于环境保护的要求越来越高，目前中国很多地方甚至已出现民众因环保因素而抵制电力设施建设的情况，电力保障的外部阻力日益增大。

（6）人力资源要素

在一些新能源领域包括一些短期内快速发展的产业环节，如果缺乏足够所需的专业人才，势必留下安全隐患，例如核能。

2.产业链失衡型电荒

电力的开发、生产、运输、销售、使用是一个很长的产业链条，同时要求各个环节瞬间平衡，对于系统运行要求非常高。除了已经出现过的发电装机短缺，任何一个环节的不平衡，都可能引发一次或长或短的新的电荒。

（1）可再生能源控制问题

可再生能源虽然具有循环利用、环境友好等优势，但普遍存在难以控制的问题，与产销瞬间平衡的电力系统稳定约束矛盾突出。除了众所周知的风能、太阳能的随机性、波动性问题，中国水力发电的来水变动问题同样影响巨大。如图45所示，在水电优先并网的倾斜政策下，中国每年水电的装机比重与电量比重明显不吻合，而与火电小时数随经济周期波动不同，水电小时数的变动因气候因素的影响而缺乏周期规律。

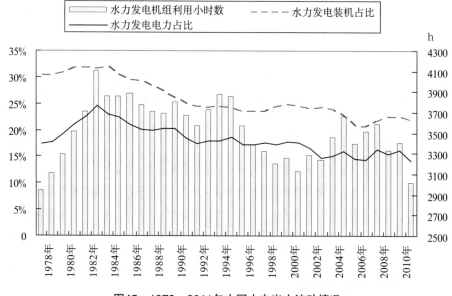

图45　1978—2011年中国水电出力波动情况

具体数据详见附表63。

（2）煤矿开工周期问题

煤炭虽可储存但需要成本不菲，因此，电厂存煤在超过安全限度之余，一般难以达到很高天数。因此，每年冬季，中国煤矿年节放假产能骤减与冬季电力负荷高峰之间的矛盾长期难解。而每次煤矿安全事故之后的大面积停产整顿，更增加了电煤供应的变数。

（3）电煤运力缺口问题

中国能源资源与能源消费的地理分布严重失衡，"西电东送"、"北煤南运"的规模异常巨大。2012年，中国铁路煤炭发运量22.6亿吨，约占全国铁路货运量的57.9%、全国煤炭总产量的61.9%；秦皇岛、唐山、天津、黄骅等北方四港年发运量的80%以上都是煤炭，2012年超过5亿吨；武汉、芜湖、徐州等内河三港，福州、广州、防城等南方三港，2012年煤炭发运量分别超过2000万吨、5000万吨。在现有技术经济条件下，远距离大规模输电的能力还是非常有限的，发电用煤还需要竞争有限的交通运力，电煤运力计划指标成为一种稀缺资源。

（4）电源送出瓶颈问题

随着中国电源单机单址规模的不断提高（2001—2011年火电平均提高了110%），送出瓶颈日益显著，通常认为电网中单机单址或单线的电源规模不宜超过系统装机总额的10%，大型水利枢纽工程往往需要大范围消纳电量；近年来，风、电光伏等随机性/波动性很高而负荷率/同时率很低的发电基地兴起，并网送出矛盾突出引发大规模大比例的限制发电（2011年"三北"地区风电弃风电量高达123亿千瓦时，甘肃、蒙东、蒙西电网弃风比例分别高达28%、26%及24%）。另外，电网企业拖延相关送出线路工程建设，迫使发电企业垫付资金乃至白送资产的案例也屡见不鲜。

（5）远距离大规模输电阻塞

电力系统只有一百多年的历史，即从分散孤立的站点发展为千里绵延、跨国覆盖的复杂系统，但与此相伴随的则是大电网安全稳定问题的日益突出。目前，中国六大区域电源以及各省级电网之间已经形成世界上最复杂、最大的电网体系，为保障系统安全稳定运行，远距离大规模输电的技术限制通常突出，通道利用率普遍非常低，各电压等级的实际输送容量不足设计容量的50%。（数据详见附表64）

（6）终端配网配套问题

现代电力系统是一个分层、分区、层区分明的立体系统，对于发电厂到终端用户之间的每一个环节，如果投资不足、设计落后、建设迟缓等都会影响到最终的电力供应与保障水平。中国电力发展长期重发轻供，目前体制下中央电网企业与地方政府之间供电保障责任不明，电力体制改革前景不明，终端配网的投资建设长期落后于主网架，"十一五"期间，中国750—220kV输电线路长度、变电设备容量分别增长了70.4%、135.4%，而同期110—35kV配电网上述2个指标仅仅分别增长了23.8%、67.2%。（数据详见附表53）

（7）电网柔性问题

电网，既是电能输送的物理通道，又是电力交易实现的营销渠道。随着电力市场化改革与发展，电力及其引发的电力价值流、能量流的流动与变化都越来越频繁灵活。电网必须从原来按照按方式计划送电的刚性输电方式，向适应上述市场交易以及灵活送电需求的柔性输电方式转变，否则，将成为制约电力供应与保障的新的负面因素。

（8）分布式电源控制问题

近年来，随着新能源技术以及智能网络技术的发展，分布式已经成为比较公认的电力系统发展方向。但与此相伴的则是新的变化与风险，一旦失控，将带来新的电力供给问题。一是新能源技术特性的不确定性，风能太阳能等新型电源，电动汽车、大功率电池等新型换能、载能元件，与火电水电等传统的大型电源相比，都有各自新的技术特性与对系统网络的需求；二是网络末端供需潮流的不确定性，负荷侧反送等新的送电模式使电力系统潮流更加复杂，而伴随分布式智能系统同时推进的价格等相关政策调整，更将改变原有的系统负荷特性及其变化机制。

3. 管制不当型电荒

电力供应与保障是典型的公共事务，在其建设运行的不同环节，世界各国普遍都设置有多种管制制度与措施。但与此同时，一旦这些管制制度与措施设计不当、执行不力，对于电力供应与保障反而会带来人为的干扰与威胁。尤其在从计划经济向市场经济转型的中国，政府对于市场的干预程度非常高，例如前述项目审批与价格管制带来的电荒，无形中增加了很多决策与政策风险。

（1）系统规划

现代大型电力系统具有瞬间平衡等独特的技术经济特性，对于作为公共事务与专业服务的系统规划有着内在的需求，这也是目前为止中国电网安全稳定水平高于印度等很多国家的重要因素。但近年来，电力规划滞后、规划合理性不足、规划利益背景被质疑等问题不断浮现，成为影响电力供应与保障的新的不利因素。一方面，大型垄断企业对于规划事务的影响能力越来越强，规划的公共性和公益性受到挑战；另一方面，国家有关部门缺乏有力的专业支撑体系，编制规划的专业性、特别是系统性显著降低，也是规划、权威性、执行性下降的重要因素。

（2）项目审批

绝大多数国家大型电力项目的准入过程都是漫长而昂贵的，审批是规划的延续，但具有更加刚性的行政权威，因此，对于电力供应与保障影响更大。在从计划经济向市场经济转型的当下中国，项目审批的很多事项（资源、环境、安全、技术等）确实带有普遍性与必要性，也符合电力技术经济特性；而有些广为诟病的审批事项，例如项目可行性、经济性等则具有阶段性、制度性背景——目前中国电力项目绝大多数仍是国有资产，在代理机制不健全、政府依然主要以GDP为核心的背景下，国有企业、国有银行、地方政府有着共同的投资冲动，统一项目审批相应具有一定的统筹制衡作用——最终，虽然不乏积怨抨击，但完全毫无必要、应该立刻废除的准入管制事项是很少的。

（3）主体准入

市场主体准入是准入管制的重要领域，改革开放之前，中国长期电力不足，一个重要因素就是独家办电、禁止其他投资者进入。从20世纪80年代开始的集资办电，本质上即属于打破投资垄断、开放市场主体准入。但另一方面，不同所有制投资者具有不同的特点，在制度上向所有投资者开放市场，并不等同于必然具备同等的投资经营能力，更不必然意味着均等的市场格局。

（4）技术门槛

设置技术质量标准，明确产业政策导向，是提高电力供应与保障水平的重要制度措施。一方面，未来满足现代大电网对于系统协调的要求，统一技术质量标准是最基本的必要条件；另一方面，电网作为相关技术设备的公共平台与基础网络，其进入/退出门槛的标准，必须符合国家相关产业政策导向。

（5）安全应急

电力供应与保障，具有多层含义。一是通过提高供应能力来保障供需整体平衡；二是通过提高元件可靠性来降低停电概率；三是通过提高系统事故应急水平来减少意外损失，提高应对外力破坏的能力。因此，电力安全应急管理，也是电力供应与保障的重要部分。

（6）价格管制

在绝大多数国家，对于电力价格都实行不同形式、不同程度的管制，而无论是对电力价格水平的控制，还是对电价形成机制的制度安排，对于电力行业吸引投资、持续发展都具有决定性的影响。20世纪80年代中期开始，"还本付息"、"燃运加价"等激励性电价政策，有力推动了第一次电荒的结束；而"十一五"以来人为滞后型煤电联动政策，则构成了近年来新型电荒长期难解的基本动因——正反案例对于电力供应与保障问题泾渭分明的不同效果，揭示了电价价格管制的重要意义（详见附表65）。

(7) 市场秩序

电力供应是一个长产业链，各类市场主体多元，各种交易行为多样，市场竞争态势复杂，纠纷争议层出不穷。特别是在中国市场经济体系建立以及电力市场化改革的进程中间，市场秩序方面的问题与矛盾对于电力供应与保障影响显著。例如煤炭企业与发电企业之间的"电煤矛盾"、发电企业与电网企业之间的并网矛盾、电力用户与供电企业之间的供用电矛盾，对于发挥供应能力、提供保障水平都具有不利的影响。

(8) 产业制度

与通过数百年时间"自然"形成的市场经济体系不同，从计划经济向市场经济转型的国家，普遍存在产业制度的"设计"问题，典型模式与轨迹即政府从企业退出、公共权力从私权领域退出、国有资本从普通产业退出，形成新的政府/企业、公权/私权、国资/民资关系。目前，中国电力产业依然处于体制改革进程之中，规模垄断、业务垄断、权力垄断、技术垄断等产业制度领域的不良安排与阶段性安排依然较多，电力供应特别是地方与基层还缺乏可持续的保障机制。

(9) 政策执行

电力是重要的基础产业与公用事业，是公权力实施多种管制的典型领域。而在中国，更有将精确可控的用电权、电价等作为政府管制工具的路径依赖。而在政策执行中，受到政策设计、制度安排、执行能力、利益关系等种种因素影响，电力供应与保障往往会受到意外的伤害。例如，"十一五"末期，部分省市为完成节能减排指标而强制要求电力企业停产、停供的措施，实属世界罕见。而随着能源消费总量控制等政策逐步实施，一旦将用电量列入各级地方政府的政绩考核指标，势必强化政府对于社会用电行为的干预。

六、未来还可能出现的电荒

（一）更多的电荒诱因

综合前述，影响电力供应与保障因素是非常多样的，一些微小的细节都可能在某些时段、某些区域或者某些特定情况下引发出新的电荒。另外是地区与城市层面，在没有发生全国性电荒的情况下，依然可能由于自身一些特殊的诱因而对本地区本城市的电力供应与保障造成影响，因此，需要有针对性地分析。

1. 全国层面

按照中共十八大新的"翻一番"目标，预计2020年中国全社会用电量可达8.1万亿～8.4万亿千瓦时，全口径发电装机容量可达17亿～20亿千瓦（根据产业政策的不同而浮动），电力产业未来十年平均增速6.5%～7.0%。

中国目前已经是世界第一电力产销大国，但在未来依然存在多种电荒诱因，总的来说就是，技术层面经验丰富，制度层面积重难返，资源环境临近边界，电荒长期延宕成癌。

（1）资源问题

中国地大物博，但在一次能源资源方面却相对贫瘠且品种结构、地理结构问题突出，确定了电力供应保障问题的基调。

①能源资源规模。中国各类一次能源中，石油、天然气、煤炭的储产比分别只有世界平均水平的1/4、1/2、1/2（数据详见附表66）；虽然水力资源世界第一，但相对于中国庞大的经济规模，只能满足全国能源需求的1/5左右。近年来，中国能源特别是油气的对外依赖度越来越高，石油的全球自有率只有1/2左右，而本土自产率则仅1/4左右，能源安全形势严峻，电力供应形势也受到影响。

②能源资源种类。中国一次能源品类较全，但品质结构不佳。石油、天然

气、铀矿的人均资源储量分别只有世界平均水平的1/16、1/15以及1/12（数据详见附表66）。只有煤炭的人均资源储量达到世界平均水平的1/1.4，探明储量世界领先。但随着经济社会发展，煤炭开采的全社会成本越来越高，并非优质资源，由此造成电力供应的经济性与稳定性双双下降。

③能源资源分布。中国幅员辽阔，各地自然条件与经济社会发展极度不均衡，尤其在能源领域，资源/市场逆向分布问题突出。目前中国2/3以上的能源需求集中在经济相对发达的东南部沿海地区，但2/3以上的煤炭资源分布在北方地区，4/5的水电资源分布在西部，风能太阳能资源同样也以北方地区更加富集，宏观上看资源/市场之间有1000～2000千米的空间距离，由此造成远距离大规模输电的压力。

但另一方面，2005年至今中国跨省电量交换所占比例不足15%、跨区所占比例不足5%，绝大部分电能依然是在本省以内就地就近生产/消费（数据详见附表67）。这也是当前阶段电力系统"范围经济"技术经济特性的体现，并不以人的主观意愿为转移，能源资源并不可能没有限度地大规模远距离运输的，因此，资源/市场逆向分布这一问题本身其实更值得反思与改变。

（2）环境问题

随着经济社会发展，环境等外部价值日益内部化，而电力则是最主要的承载者，面临着越来越高的要求与越来越复杂的情况。

①环境容量问题。电力设施一般都会占用土地、耗用水资源、排放污染物，日益受到环境容量的限制与制约，增加电力供应的难度。例如珠三角这样的经济发达地区，在5.6万平方千米土地上发电装机已经多达4917万千瓦且绝大多数为火力发电，SO_2、NO_x等污染物排放空间以及城市土地路径资源的矛盾日益突出；而在西部能源资源富集地区，则存在水资源的制约，推高了发电成本与能耗。

②环境成本问题。电力是环境价值内部化的主要载体，意味着发展电力的环境成本越来越高。2006—2012年，中国销售电价中，"可再生能源附加"从0.001元/千瓦时逐步提高到0.008元/千瓦时，累计补贴规模近400亿元；烟气脱硫机组在全国煤电装机容量中的比重超过90%，每千瓦时的脱硫补贴高达0.015元；再加上正在逐步推行的0.008元/千瓦时的脱硝补贴，目前中国电力每年用于补偿环境的成本已经超过1000亿元的规模，电力供应与保障的环境成本越来越高。

（3）体制问题

目前来看，从传统计划经济向市场经济过渡的过程是漫长的，体制方面的问题在可以预见的未来依然是诱发中国式电荒的重要因素。一方面，虽然已经实施了政企分开等改革，但中国政府的权力依然过大，对于经济社会的干预依然过深，乃至超出自身的专业能力或者勉强承揽不可能完成的使命；另一方面，在塑造市场主体、开放市场竞争的同时，忽视了应有的公共权力的建设、公共服务的支撑以及产业制度的合理设计，坐视垄断利益集团做大而逐步失控。

①管制专业性问题。统一规划、统一调度是保障电力系统建设运行的安全性/协调性的必要制度，近年来不仅受到来自企业的干扰，自身的专业性、权威性也均在逐步下降，对电力供应与保障造成长期的隐患。"十一五"期间没有公布电力规划而以项目审批代替规划，"十二五"期间索性取消"电力规划"而拆散为若干项"专项规划"；而调度机构则委身于垄断企业内部，机构不再独立，职能逐步分散，公信力受质疑，行权权威性下降，自身也面临安全风险。

②管制系统性问题。价格是中国各级政府对电力实施管制的核心领域，多年来各种政策规则连篇累牍、汗牛充栋，但自身的系统性、逻辑性却越来越难以保证，对于电力发展日益形成负面干扰。例如：电力产业各环节之间的价格流程，多年来人为阻碍正常顺价，抑制产能的正常发挥；居民与工商业之间的价格倒挂问题，近10年来不断加剧并对公众观念形成错误引导（数据详见附表68）；电力与相关能源品类之间的比价关系，在日益市场化国际化的背景下仍然坚持人为设限，引发寻租与走私；新能源发展不同阶段的针对性价格政策，如何鼓励技术创新？如何吸引风险投资？何时推动规模建设？何时引导技术更新？始终缺乏能源领域智能发展应有的智能政策。

③产业制度设计问题。2002年至今，中国电力体制改革半途而滞，形成畸形的电力市场格局，也使国家电网公司达到四维合一的垄断业态：一是规模垄断，不仅突破世界500强排行榜行业规律，而且超越规模经济合理界限，在经营财务指标上系统落后于南方电网；二是权力垄断，通过把持电网调度机构、干预电网规划与技术标准，"裁判员"兼"运动员"；三是业务垄断，通过独家购电再独家卖电，"批发商"兼"零售商"；四是技术垄断，作为占市场80%以上的甲方，强行进入相关装置制造产业，"采购商"兼"供应商"——这样超越卡特尔、辛迪加、托拉斯、康采恩的超级垄断业态，不仅市场经济国家罕见，在中国电力发展史中也属巅峰，将垄断的负面效应发挥到极致，成为未来中国电力供应与保障的重大制度隐患。

④市场运行调节问题。随着市场化、国际化的发展，政府在市场运行调节中的传统思维与传统做法日益落伍而无力，对于纵向的产业链之间传统、横向的地

区间矛盾，不仅难以实现资源优化配置，连基本的市场秩序都难以保障。除了众所周知的煤电矛盾问题（产业链矛盾），在跨地区资源配置方面，"西电东送"曾是我国大规模、远距离资源配置的最成功案例，但从长期看，比解决电网技术问题更复杂的是如何处理好不同地区和主体之间的利益关系，若过度依赖行政计划、政府集中决策，则协调难、调整难、长期合作难、合理分配风险更难。

2.广东层面

根据有关预测，2015年，广东省全社会用电量和用电最高负荷可能分别超过6000亿千瓦时及1亿千瓦，"十二五"年均增长率为8%～9%；2020年，用电量及最高负荷可能分别趋近7800亿千瓦时和1.4亿千瓦，"十三五"年均增长率5%～6%。

广东作为中国南方重要而有特点的地区，虽然在投资、价格、区位、水资源以及电网体制等方面具有一定优势，但在未来显然还有更多的电荒诱因。

（1）资源禀赋问题

①本地资源。广东省一次能源资源匮乏，煤炭探明储量11.62亿吨、保有储量6.30亿吨，仅占全国的0.05%，且均为分散小矿；南海珠江口盆地的油气资源保有储量折合标准煤约3.6亿吨，其中，石油大约占全国探明储量的6.06%，但必须国家统一开发，不属省内自有资源；油页岩储量较为丰富，保有储量55亿吨，但目前国内开采技术尚不成熟；水力资源理论蕴藏量1073万千瓦、可开发装机容量666万千瓦，仅占全国的1.8%，目前基本开发殆尽；理论风能储量9689万千瓦、可开发装机容量761万千瓦，仅占全国的3%，且均为开发利用相对困难的海上风能；太阳能资源比较丰富，年辐照总量每平方米4200兆～5400兆焦耳，年日照时间超过1500小时，但土地资源更为紧张、规模开发条件有限而适宜分布式开发。

如图46所示，由于资源且开采价值有限，1997年以来广东能源生产的规模基本停滞不前，相应地，能源自产比率连年持续下降到20%以下。一次能源资源匮乏，这是广东电荒的一个最基本的大背景，容易被忽视但确实非常重要。

②周边资源。广东本地一次能源资源匮乏，周边广西、湖南、江西、福建也均非能源大省，距离中国北方的能源资源距离非常遥远，甚至存在被中途截留的可能。但广东地处南海之滨，海岸线超过4000千米，海洋运输条件优越。相对其他各省，广东距离中东的油气资源，特别是越南、印度尼西亚、澳大利亚的煤炭，反而具有更加良好的区位优势。但由于油气进口权始终被高度垄

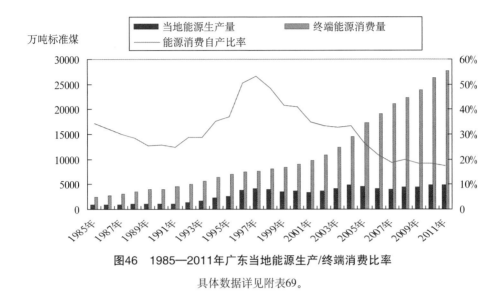

图46　1985—2011年广东当地能源生产/终端消费比率

具体数据详见附表69。

断，煤炭进口额度也被严格控制，在这种自然因素与制度因素双重作用之下，广东才彻底沦为贫能地区。

（2）电源结构问题

①本地电源。如前所述，在1978—1996年电荒中，广东（佛山）一个重要对策就是通过上马小火电机组来提高电源的支撑性、控制性，1978—2011年广东电源结构中水电比重已经从60.2%下降到17.1%（数据详见附表17），本地电源结构得到调整。

②"西电东送"。而除了本地电源，近年占广东全社会用电量20%以上的"西电东送"电量中同样存在结构问题。由于广西逐步演变为资源输入省，贵州煤电外送能力逐渐下降（"十二五"协议电量预计只能完成50%左右），云南水电比重高达70%，并将随着更多大型水电项目陆续投产而继续升高（2030年远期规划云南包括中国西藏东南、大湄公河次区域水电装机将超过1亿千瓦），因此，"西电东送"电量中水电的比重将越来越大，致使广东终端消费电能中实际的水电比重依然在30%以上。虽然水电属于清洁可再生能源，但由于中国很多水电项目的调节性差而相关的补偿机制欠缺，客观上造成供应能力起伏变化较大。

（3）电网结构问题

①广东省内。广东省地形狭长，南北方向韶关到珠海距离只有300余千米，东西方向从汕头到湛江距离将近1000千米，由于经济、资源、环境、岸址等因素，目前广东省境内已经出现比较显著的"西电东送"、"东电西送"等输电阻

塞问题。如图47所示，2012年广东负荷中心——珠三角地区发电装机容量与统调最高负荷缺口高达1324万千瓦，用电量为粤东、粤西、粤北三地区用电量总和的3.36倍；粤东、粤西、粤北三地区发电能力分别富裕496万、244万、573万千瓦，虽然在数量上与珠三角地区的负荷缺口基本持平，但由于受到省内送电通道的限制，粤西尤其是粤东等地区的发电能力至今仍然难以充分发挥，珠三角地区仍然离不开来自省外的"西电东送"。

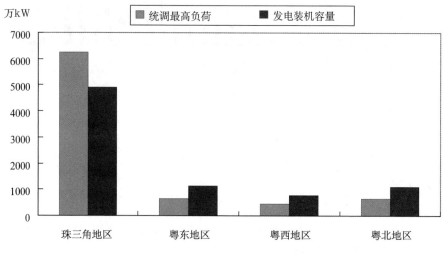

图47 2012年广东各地区发用电情况

具体数据详见附表70。

②南方电网。以"西电东送"为重要使命的南网区域电网，目前已经发展到大规模交直流混联的阶段，线路长达2000余千米，电网运行的安全风险逐步积累，输电阻塞问题逐渐浮现。

另外，2011年广东从云南、贵州、广西购电的送出电价分别比当地销售电价便宜0.048、0.123、0.027元/千瓦时（数据详见附表71），也造成电能输出省份履约意愿的不稳定。

（4）负荷特性问题

广东用电负荷特性突出，如图48所示，广东电网的日最大峰谷差率长期处于全国最高，平均用电负荷率在全国各省市区中则始终处于较低水平，随着居民生活水平提高及第三产业发展，广东电网的调峰日益困难，夏季负荷高峰期间的供需矛盾非常突出。

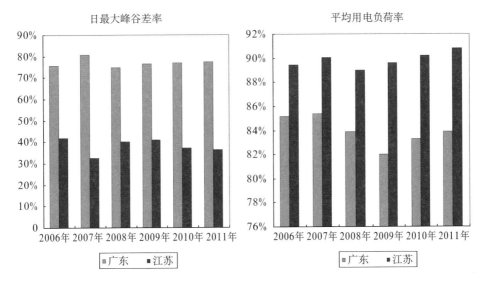

日最大峰谷差率   平均用电负荷率

图48 2006—2011年广东、江苏电网负荷特性

具体数据详见附表72。

3. 佛山层面

2001年以来佛山地区日最大负荷、日最大供电量均增长了3倍以上（详见附表73）。2011年8月佛山组织开展了"电网大负荷测试"，测试期间佛山地区基本完全放开用电限制，电网用电负荷屡创新高，全社会用电最高负荷达到899万千瓦、占广东电网最高负荷的12%。2011年佛山电网用电最高负荷同比增速达到15.26%，但全年用电量增长率却只有4.97%，说明佛山的电力需求在大部分时段处于严重抑制状态，供需矛盾非常突出，还有很大释放空间。预计2020年，全社会用电量将达到780亿千瓦时左右，年均增长5.9%。

佛山作为珠三角地区重要而有特点的城市，虽然在投资、价格、水资源、电网建设以及需求管理等方面具有一定优势，但在未来显然还有更多的电荒诱因。

（1）资源制约问题

佛山地区一次能源资源极度匮乏，除少量小水电以外，煤炭/石油/天然气等资源储量产量均为空白。由于地处珠三角水网地区核心位置，也没有大型深水良港，煤炭装卸条件制约甚至高于环保制约。除了电网以外，少量小型煤炭码头，中石化成品油西线输送管道，各区成品油油库，来自深圳的天然气输送管道，南庄LNG门站及53千米管网，3座出租车加气站，这些就是佛山地区全部的能源供应基础设施，本地电源的发展基础极度薄弱。

（2）环境制约问题

珠江三角洲地区河网密布，经济发达，人口密集，深圳、广州、珠海、中山、佛山、东莞等城市化率均已超过85%（数据详见附表74），政府包括公众对于珠三角的环保要求越来越高。《粤港政府关于改善珠江三角洲地区空气质素的联合声明》、《加强深港合作的备忘录》和《珠江三角洲地区空气质素管理计划》等区域合作文件也增加了外部制约。东莞虎门的华南最大火电基地——沙角电厂由于建造时未安装环保设施，成为整个珠三角最大的污染源，也从反面促进了社会的环保意识。作为国家大气污染联防联控的重点区域，以及广东省环境保护和生态建设"十二五"规划中的"环境优先"地区，对于珠三角地区，目前广东省政府已经明确提出不再发展燃煤发电机组。佛山地处珠三角核心地带，而且本身并不直接临海，建设大型本地电源的政策限制越来越多。

（3）区位制约问题

佛山地处珠江三角洲腹地，东距广州、中山、肇庆、东莞等工商业城市均在50千米以内；南邻中国澳门、中国香港仅在100千米左右。佛山不仅缺乏一次能源资源，缺乏大型电源的建设条件，而且处于珠三角城市群的核心区位，因此，"佛山电网"的主网架只能是广佛肇环网的一部分。一方面虽然增加了与周边电源支援互助的能力，但另一方面难以围绕本地负荷需求独立建设电网，也难以实现更有地方针对性的或者更高质量的电网规划。

（4）体制制约问题

虽然经济相对发达，但2012年全国无电人口调查显示，广东省内依然存在700多户、3000多人无电人口，在全国各省市区中位居前十（数据详见附表75）。随着电力领域的"央进地退"，缺乏权责对等的可持续的电力保障机制，这是中国各地电力供应的首要问题。目前中国电力领域的主要行政权力——项目审批、价格管制、产业政策等绝大多数都在中央政府有关部门，省市区一级政府分有部分权力，对于佛山这样的地级市，其在电力领域的自主权已经微乎其微，核心资源与抓手只剩下土地供应权，主要手段只剩下专项规划等弹性措施以及纠纷协调等事后救济途径。

（二）面向未来的基本建议

1. 全国层面

随着中国进入城市化、工业化发展的中后期，资源环境方面压力增大是一种必然的趋势，而在国家层面最根本的还是要不断深化改革，完善各项制度建设，创新有关体制机制。

（1）完善系统规划

组建由国家能源管理部门直接管理的专门的国家电力规划中心，为国家制订电力发展战略、产业政策以及规划等提供技术支持，提高电力规划的系统性、专业性，减少垄断企业干扰。

（2）加强技术协调

组建由国家能源管理部门直接管理的专门的国家电力标准中心，统一推进并规范电力技术、安全、定额、质量标准工作，尽快填补近年出现的安全技术标准空白，维护电力系统安全性、协调性。

（3）强化安全调度

组建由国家能源管理部门直接管理的专门的国家电力调度中心，依照有关政策法规、市场规则及技术规程等，为维护电力系统安全、稳定、有序运行，对全国电力生产、输送、交易、使用等进行组织、指挥、指导、协调和服务。

（4）开展市场交易

进一步减少政府干预，将原有的电力电量计划分配逐步转型为公开的电力市场。一方面对称开放大用户直接购电，跨省区交易也由企业通过市场公开依规操作；另一方面不断丰富电力市场交易品种（电力、电量、非电），探索引进期货交易等金融手段来冲抵波动。

（5）放松电价抑制

允许终端电价随市场波动，同时推进整个资源领域价格体制改革，逐步建立价格—税收—补贴—监管相互联动配合的体系，形成电力企业可持续经营机制，引导节能减排科学消费，兼顾公平、提高效率。

（6）下放定价权限

进一步理顺中央/地方、政府/市场之间边界。输配电价格由政府统一审核，大用户价格由公开的市场形成，居民终端用电价格下放由地方政府制订，中央政府则保留临时价格干预的权力。

（7）理顺责任机制

发布电力普遍服务标准及配套转移支付政策，明确地方政府的供电保障责任，同时下放相应的终端非网络业务，下放自主购电权、终端定价权、直接收费权，明确错位专营权、规模发展权、服务增值权，真正建立权责对等的可持续供电保障责任机制。

（8）提高用电能效

加强需求侧管理，建立丰/枯、峰/谷、可中断/高可靠性等多种价格机制，引导合理用电，推进社会节能。同时通过各种措施调整产业结构，提高国民经济能效。

2. 广东层面

广东存在类似佛山的电源空心化问题，同时其电网、电源也均存在显著的结构问题，因此，应深入研究本地电荒隐患的关键节点，充分利用好自身政治经济以及区位优势，以类型多样化、来源多元化来增强抵御电荒的实力。

（1）争取一次进口

广东是中国经济发展与改革的先锋，同时也是南中国区域的能源中心，目前，每年需转送中国港澳地区大约150亿千瓦时电量，与海南电网之间也将从受电转为送电。因此，有必要进一步发挥区位与政治优势，争取扩大一次能源进口权；同时加强油气、煤炭专用码头、仓储、物流等基础设施建设。否则，如果一次能源没有保障，再多的发电机组也形同虚设；如果没有跨越国界的多元化竞争，广东永远将受制于人。20世纪80～90年代中央向地方放权、打破出口权垄断，是中国成为世界工厂的重要政策基石；下一阶段如果向地方政府放开一次能源进口权，不仅可助广东等沿海缺能省份获得一定支撑，更可通过打造新的竞争格局为未来10～20年国家经济社会发展激发活力。

（2）推进智能能源

近年来，"第三次工业革命"初露端倪，智能能源网建设被普遍看作这次革命的引爆点，更是新的历史时期最大的新经济增长点，其多元化、本土化、就地化、低碳化的特征，尤其适合于由各个地方抢先启动探索。广东电气化发展水平远远高于全国，借助新技术突破与新产业革命的历史机遇，通过鼓励多种形式新能源以及分布式电源项目，鼓励热电冷联供，探索水电气热多网联调，推进各种形式的地方能源企业发展。推进建设智能能源网，不仅有利于提升本地供电能力，更可塑造经济新增长点。

（3）加强本地电源

实践已经证明，广东电力及能源问题不可能完全依赖外部，因此，有必要继续增加本地支撑性电源建设。一是进一步加大核电发展力度，推进广东"核电特区"建设，支持中广核集团争做世界第三大核电集团的发展战略，争取2030年广东地区核电装机超过4000万千瓦；二是继续借助"上大压小"政策，上马高参数机组，同时充分利用国内国外两个市场，扩大并稳定煤源——根据有关政策，在普遍采用脱硫脱硝等先进清洁技术的前提下，广东煤电发展的理论空间可达1亿千瓦左右（2030年），未来运输条件将比环保容量的制约来得更早更硬，因此，广东煤电机组并非还能否发展的问题，而是如何清洁高效优化发展的问题。

（4）完善省内输电

在珠三角地区环境容量日益受限的情况下，广东省内输电阻塞的问题必须引起高度重视并落实到实际动作。通过优化系统规划、加大基建力度、加强运行管理，尽快打通惠州、东莞以及茂名等处的"卡脖子"环节，扩大省内输电通道能力，将更多粤东、粤西的电能引进珠三角负荷中心。

（5）稳定扩大外援

在加强本地电源的同时，坚持两条腿走路，继续利用好省外资源，并补强短板改进外援利用方式。一是完善合作形式，从购买电力产品转向投资产能，从投资火电项目转向参与西部水电投资，服务于稳定西电东送容量的目标；二是扩展合作领域，在保持云贵方向的外援基础上，除了继续要向中国西藏东南、缅北延伸，还应探索增强与福建、四川方向的网络联接，扩展外部支援渠道，即使只是互助调剂，亦有价值。

（6）扶持调峰机组

2007—2011年，广东地区最高负荷年均增速达12.3%（数据详见附表76），比用电量年均增速高5.5个百分点，因此，解决电网调峰问题是广东电网一个长期的课题。为了应对夏季负荷高峰，还须坚持鼓励燃气机组、扶持抽水蓄能等调峰机组建设的倾斜政策。广东省内抽水蓄能站点相对比较丰富，目前勘察可建站址还有54个、理论装机容量可达7879万千瓦，应争取2020年超过1000万千瓦，2030年将近1500万千瓦。预计2020年，深圳、珠海、南沙LNG接收站，横琴岛海上接收站，西气东输二线，川气东送入粤以及海上天然气，用于发电的供气能力可达240亿立方米左右，燃气机组规模可望再增加1000万～2000万千瓦（不同经营模式差异较大）。

（7）提高用电能效

与全国其他地区相比，广东在能耗控制、产业结构调整方面是领先的，但与发达国家相比，依然还有很大的改进空间（数据详见附录77），这也是作为全国产业调整领头羊的责任。因此，还应进一步改进需求侧管理，引导全社会节能减排，推进产业结构调整，进一步促进能耗强度下降。

另外，针对广东负荷率显著低于全国的问题，利用政策手段调整改进电网负荷特性。一是参考北京、天津、浙江、山东等地经验，推行尖峰电价以及可中断电价；二是加大峰谷分时电价实施力度，进一步拉大价格级差，引导削峰填谷；三是扩大两部制电价执行范围，提高两部制电价中容量电价所占的比重。

（8）强化社会责任

电力在本质上属于地方事务，国家大的战略框架，更多着眼于整体的资源配置，而具体每一地方的电力供应与能源安全，则必须当地政府肩负起责任。"条条支持"只是必要条件，"块块主动"才是充分条件，任何"等、靠、要"的后果早有无数先例。特别是广东，虽然资源匮乏，毕竟口袋不空，完全有条件明确政府守土之责，解决好无电人口问题，处理好省内地区间、城乡间差异问题，促进电力基础公共服务设施均等化，提高全省民生用电质量。

3. 佛山层面

佛山在未来依然面临电源空心化以及缺乏自主性的问题，需要在既定制度框架以及资源环境条件之下，尽量强化自身条件。

（1）加强能源基础

受到资源、环境、区位等限制，佛山保障供电的物质基础非常脆弱，但仍可争取局部的相对的优势。例如通过加强管道、站点、道路、仓储、码头建设，完善一次能源综合运输网络体系，形成基础设施领域在相邻城市之间的局部相对优势，促进二次能源发展。

（2）优化本地电源

佛山本地电源有限，更需注重综合效益，或者环保减害，或者循环节能，尤其应择机继续大力推进燃气机组建设（例如福能沙口电厂在现有36万千瓦装机的基础上，还有80万千瓦的扩展空间）。同时在规划中注意提高项目的综合效益，不仅具有调峰应急、支撑系统安全稳定的作用，还可获得热—电—冷联供等综合效益。

（3）完善基层电网

在现有基础上，进一步优化规划，着力提升基层电网质量，提高电压合格率、供电可靠率等指标水平；同时继续加强安全运行管理与供电优质服务，提高佛山电网的受电能力、供电能力以及服务增值能力。

（4）优化用电行为

进一步加强负荷侧管理，一是促进社会节能，改进用电方式，减少各类损耗；二是改进负荷曲线，有效引导削峰填谷，提高发供电设备利用率。

（5）提高用能效率

与全国很多城市相比，佛山在能耗控制、轻型发展方面是有传统的，在产业结构调整与转移方面是有效的，但与发达国家相比，依然还有很大的改进空间，应将调整产业结构、提高用能效率作为一项长期的任务与基本的原则。

（6）推进智能能源

坚持"四化融合、智慧佛山"的发展方向，在承担国家级研究与试点示范的基础上，加快推进智能能源网建设，塑造经济新增长点。一是继续发展相关装置产业与新技术，二是以城市为节点推进水/电/气/热复合能源网建设，三是继续大力扶持"佛山公用"等气/水/电跨界综合业务的新型地方能源企业。

七、电荒下的发展之路

（一）电荒下的产业发展之路

1. 世界性的电荒难题

电力，是城市基础设施的重要领域，在世界各国都受到政府与公众的重视。而在城市化现代化的进程中，供应能力不足、安全稳定性不够、供电质量低下等电力供应保障问题却往往首当其冲、长期难解，甚至成为一个世界性的难题。

20世纪80年代以来，一场电力市场化改革的浪潮席卷全球。主要目的，一是吸引投资、保障供给，例如阿根廷等发展中国家；二是引进竞争、提高效率，例如英国等发达国家。而最终目标，仍是提高电力供应与保障能力，服务于经济社会发展——但时至今日，虽经广泛探索，甚至几经反复，电力市场化改革在世界范围内仍未取得公认的成功。

从国际看，不仅印度等新兴经济体依然长期遭受严重电荒，西方发达国家同样面临电力发展缓慢、设备升级更新困难等困扰，美国电网系统薄弱、管制乏力，日本、欧洲大型电力（能源）企业则普遍面临经营困境。如表4所示，从美国到英国、日本，从巴西到印度、印度尼西亚，大规模停电事故在世界各洲屡见不鲜。

表4　21世纪以来世界典型大停电事故

地区	时间	基本情况
美加大停电	2003年8月14日16时	美国与加拿大相邻的一个变电站发生故障，后扩展为北美历史最严重的大停电事故，5000万人饱受断电之苦
伦敦大停电	2003年8月28日	英国伦敦及英格兰东南地区发生大面积停电事故，伦敦地铁等交通系统受到严重影响
莫斯科大停电	2005年5月25日10时	俄罗斯首都莫斯科南部、西部及东南城区大面积停电，市内大约一半地区的工业、商业与交通陷入瘫痪
印度尼西亚大停电	2005年8月18日10时	爪哇岛至巴厘岛的供电系统发生故障，造成首都雅加达至万丹之间的电力供应中断，将近1亿人口受到影响

（续表）

地区	时间	基本情况
洛杉矶大停电	2005年9月12日	美国西部最大城市洛杉矶发生大面积停电事故，事故引起交通堵塞，市区200多万人工作生活秩序受到影响
东京大停电	2006年8月14日晨	由起重机撞断电缆线引发，日本东京及其周边地区约3000万人受影响，证交所银行停业，地铁公交严重受阻
巴西/巴拉圭大停电	2009年11月10日晚	由伊泰普水电站送出线路故障引发，巴西最大城市里约热内卢、圣保罗以及周边地区大停电，全国负荷损失40%，交通瘫痪，大约5000万居民受影响；临国巴拉圭全国停电15分钟
印度大停电	2012年7月30日、31日	30日凌晨2时，印度北部电网因事故基本全停，影响人口3.7亿；31日13时，北部、东部及东北部电网出现新一轮崩溃，影响人口6.7亿。全国38%发电机组停运
美国东部大停电	2012年10月29日	因飓风"桑迪"登陆，造成美国东部地区约740万户居民和商家停电。由于救灾恢复不利，纽约部分地区一周后仍有百万家庭无电可用

从国内看，中国对于电力供应历来高度重视，新中国成立以来管电体制历经11次调整，并陆续实行了多家办电、政企分开、厂网分开、市场监管等诸多与世界同步的、理念一致的电力市场化改革措施。但在成功实现了电力设施规模发展的同时，电力供应保障问题在中国同样没有完全解决，不同类型不同诱因的电荒轮番上演，季节性、时段性、地区性的电荒有长期存在的趋势，虽然电力建设年度投资规模已经高达8000亿元，但在全社会固定资产投资中的比重却已连续7年持续下降、目前已经降到历史最低水平。

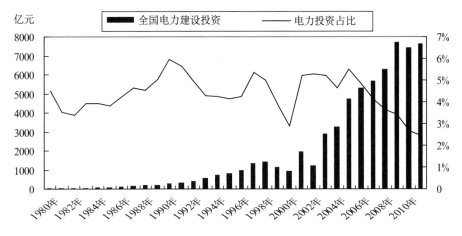

图49 1980—2011年电力投资占全国固定资产投资比重

具体数据详见附表62。

2. 宏观背景与制度细节

为什么电荒会成为一个世界性的难题？

（1）宏观背景

①从历史阶段看。供电等基础设施的建设，需要占用大量的资金与资源，在工业化发展前半程，特别是重化工业阶段，单位产值电耗急剧增长使保障供电的经济回报较高，于是电力发展众望所归；而当经济社会发展进入更高阶段之后，随着工业化中后期单位产值电耗下降，电力在大多数国家往往会进入一种依据短缺损失的负面激励而维持的低水平发展状态。由此便出现解决了老电荒，又继续出现新型电荒的现象，推动解决问题的动力没有持续。

②从社会背景看。电力设施及其运转，大量占用资源且严重影响环境，而电力供需两端瞬间平衡、相互影响，尤其是随着城市化发展，新的产业聚集与人群聚集形成供需布局新的变迁，高密度的生产方式与生活方式与环境发生更加显著的冲突，而日益深入的需求侧管理则需获得更广泛社会公众的理解与行动，由此电力事务必然从个体的、局部的解决方案，上升为涉及公共安全与社会管理的公共事务，增加了问题解决的复杂性与创新性。

③从国际环境看。随着大宗贸易、远距离运输的传统化石能源逐渐沦为国际金融炒作的载体，价格变动剧烈，市场操纵显著，世界性的能源危机与经济危机、金融危机往往沆瀣一气、共同发难；随着国际化、市场化的发展，油价带动煤价、国际带动国内，如图50所示。如中国秦皇岛的煤炭行情日益与北海油气联动，世界主要经济体几已没有可以独善其身的净土，保障电力供应的问题难以在企业/行业层面得到根治，日益依赖于系统整合的国家治理能力。

（2）制度细节

从历史阶段、社会背景、国际环境等宏观背景看，电荒难题确实具有普遍性与必然性。而中国现行电力产业制度中的一些细节缺陷，则进一步增加了电力供应与保障的难度，对于产业持续健康发展进行了价值封顶。

①从电网环节看。目前中国电力供应的"最后一千米问题"突出，不仅难以实现服务增值，而且影响到基本的供应保障。一是产权不清，供电企业与用户之间的产权分界点没有统一明确的法律规范，建设、运行、检修、改造等环节的权责不明，往往形成局部"卡脖子"现象；二是行业壁垒，电力与燃气、水务等其他网络性的基础公共服务领域之间，市场分割严重，无法谋求综合效益，相应也缺乏保障能源供给的系统性手段；三是央地分割，以中央资产为主的供电企业与地方政府之间，在电力供应与保障领域缺乏可持续的权责对等的分工合作机制，

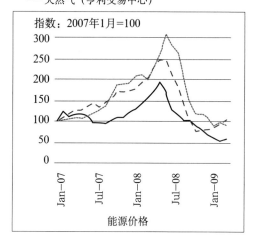

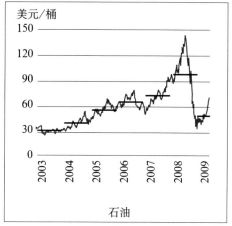

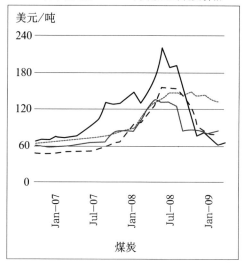

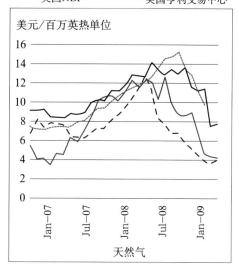

图50 世界能源危机中的"过山车"行情

资料来源：引用自BP能源统计。

地方政府有责任、有动力而无手段、无抓手，中央企业兼顾全国而难以因地制宜满足各地需求。现代电力系统一方面不断扩展规模增加层次，另一方面依然要求瞬间平衡系统协调，电力供应链条上各个环节之间产权、业权以及相应责任机制的设置不当，必然影响到电力供应的效果。

②从发电环节看。中国这种泾渭分明、"厂网分开"的电力产业制度，在世

界范围缺乏理论的必然性与实践的普遍性。近年来中国严重的"煤电矛盾",揭示了产业制度设置的弊端——目前全世界发电环节能量转换效率普遍不足40%,燃料成本占比高达60%～70%,如果单纯经营发电业务,上无一次资源支撑保障,下不直接掌握市场需求,注定只能是一个受制于人、收益微薄的粗加工产业环节。无独有偶,世界范围内铁、铝、铜、硅等多个类似产业链条上,近年来都存在资源环节钵满盆满、加工环节难以为继的案例。在世界500强排行榜上的电力能源企业中,这种单纯经营发电业务的企业形态几乎只存在于中国,近年来中国的各大"发电"集团也纷纷从专业生产向综合投资转型。电力项目投资巨大、运行周期长达30～40年,技术门槛远比投资门槛低,因此,如果业务链条过短难以互补,必然要面对极高的经营风险,直接威胁电力供应与保障。

3.产业价值提升战略

如何应对电荒这样的世界性难题?

电力供应问题,与一个国家工业化、城市化、国际化的发展进程密切交织,不仅影响因素复杂,而且将不断面临新的问题与挑战,呈现为一个不断演进发展的历史进程,需要更加广泛的视野与更高层面的战略应对。

进一步说,发展电力所需要的大量要素投入以及各种无形的管理成本,归根结底是由全体社会成员来负担的,因此,其发展动力在根本上取决于其所创造的价值——如果这种价值明显高于各项社会成本,"经济发展,电力先行"自然水到渠成;而如果增值空间有限,在对公共资源的竞争中缺乏显著的比较优势,则往往陷入一种缺之可恼、增之无报的决策尴尬。

而传统上,电力仅仅被作为基础产业与公用事业来看待的,而这种定位本身,却从根本上对其价值进行了一种"封顶",使之难以对经济社会发展创造更高的价值。目前中国总体处于从工业化、城镇化中期向后期过渡的历史阶段,还可能面临各种形式的电荒。因此,通过更好地推行电力产业发展,解决中国乃至世界的电力供应保障问题,核心还在于全面提升电力产业价值,即通过为社会奉献更大的价值,最终实现产业自身的持续健康发展并完成对于电荒的根治。

(1)进一步优化电力产业的基础保障价值

当前,中国工业化、城镇化以及农村现代化的发展进程还未完成,不同地区之间发展模式与发展阶段落差显著,电力领域同样存在多种不均衡与不同步。通过推进电力产业的协调发展与责任发展,有利于更好地遵循客观规律,理顺权责机制,从根本上扩大内需。在中央层面不断提高科学决策与宏观治理能力,在地方上有效保障民生权益、维护基本秩序。从笼统粗放的电力供需总量平衡,更加因地制宜地兼顾各地各类需求差异,更加与时俱进地维护产业体系整体发展。在更好满足全面建成小康社会对电力(能源)需求的进程中,实现电力产业基础保障价值的进一步优化。

(2)有意识提高电力产业的生态承载价值

随着经济社会发展,资源环境的价值在世界范围不断提升。电力因其对于环境的巨大影响以及对资源的大量占用,通过外部成本不断地内部化,不经意间已成为越来越高生态价值的庞大载体。近年来,在中国每年高达七八千亿元的电力投资中,可再生能源、脱硫除尘、洁净发电等领域已占据越来越多的份额,"十一五"以来,煤电建设几乎完全由"上大压小"、热电联产等政策引导。随着中国生态文明建设的不断深入,通过推进电力绿色发展,有意识地承载并服务于更多资源环境生态价值的实现,将使电力产业自身获得新的价值与发展空间。

(3)历史性激发电力产业的系统整合价值

目前,新能源、智能网络等领域面临重大技术突破,电力作为网络性渗透性最强的基础产业,如果能够面向未来,抓住机遇,主动变革,有望实现产业价值的飞跃——通过推进电力智能发展,一方面,可以促进多样化本土化新能源发展,解放需方生产力,缓解一次能源不独立的压力;另一方面,可以智能整合电力能源相关体系(能源生产体系、载能用能体系及相关信息体系),释放系统优化所蕴含的巨大效益。与此同时,通过引领新技术新产业变革,完成信息化与工业化的深度融合,从更高层面提高国家竞争能力及持续发展能力。

虽然早在40年前美国就提出"能源独立"的口号,但在全球配置、日益不稳定的现有世界能源市场体系下,主要经济体(美国、日本、欧洲)至今都远没有实现能源独立——显然,通过推进电力智能发展,将大型经济体保障电力供应的问题上升为一个系统整合能力问题,使国际能源安全的博弈从地区资源层面的竞争上升为国家能力层面的竞争,这无疑是当下由技术突破产业革命所带来的重大历史机遇!特别是对于中国这样处于国际能源安全格局劣势地位的新兴经济体,通过全面提升电力产业的基础保障、生态承载、系统整合三大价值,不仅可以有效治理电荒、塑造经济新增长点,而且还将使国家的能源安全态势,从目前在既有市场格局中被动的腾挪折冲,转变为在新兴市场领域中主动的弄潮领舞!

(二)电荒下的城市发展之路

城市,自古以来都是人群的聚集、财富的汇聚、信息的焦点、能量的重心,现代城市，更是权利交织的公地、制度创新的中心。一个城市的精神，对内是民主，对外是自主，包括电力供应这样的公共事务，一方面需要越来越广泛的参与，另一方面则必须坚持独立谋划与时俱进。上到一个国家，下到省区地市，城市化并不仅仅是一个人口结构比例问题，同样关乎城市的精神与文化，不仅影响到应对电荒的技术路线与政策轨迹、策略选择与制度安排，而且决定了电荒之下的城市发展之路。

1.国家层面

改革开放以来，中国经历了3个阶段、3个类型的电荒，并进行了积极的应对，在总体上抓住了标与本、统与分的要害。一方面，标本兼治，倒逼改革，在应对眼前电荒的同时，兼顾长远发展，放松管制、多元投资、比较竞争、独立监管都是符合世界潮流的经典应对；另一方面，统一公权，激发合力，在坚持统一系统规划、统一安全调度、统一技术标准的前提下，通过放权让利打破垄断发挥地方积极性，通过企政分开自主经营发挥企业积极性，努力形成发展合力。

作为对比，中国与印度是世界上最大的两个发展中国家，近年来都保持了较好的经济发展速度，2001—2011年GDP年均增速分别为10.55%、7.64%（数据详见附表78）。在电力领域，同样面临不同程度的电荒困扰，甚至还具有煤电比重较高但煤炭供应不稳定、区域电网相对独立但联络薄弱、存在远距离跨区输电需求（印度"东电西送、南电北送"，数据详见附表79）等共同特点，但在电力乃至经济社会发展的很多领域则存在明显差异。

（1）财富梦想

中国历史悠久，但近代以来却在落后挨打中逐步形成现代国家观念，改革开放之后，民族振兴的强国之梦首先落脚于发财致富，自上而下的GDP考核也为"一个中心"提供了制度保证，因此，从政府到个人，中国到处洋溢着强烈的财富梦想。而印度种族、民族、种姓复杂，宗教文化影响深远，相对于中国缺乏共同的、强烈的财富梦想。

具体到发展的方式上，中国按照"无农不稳、无工不富、无商不活"的思路，坚持工业化道路，1978年以来第二产业GDP比重一直将近50%。而印度自1990年至今，第二产业GDP比重始终在30%以下。相应地，中国第二产业电力消费比重长期在75%左右，而印度只有50%上下。

反映到电力发展上，中国坚信"经济发展，电力先行"，进一步追求基础产业的带动效应，1978—2011年累计电力投资高达6.4万亿元，目前发电装机、发电量、输电网规模均已达到世界第一。而印度由于政策不到位、程序烦琐、单位成本高、官员腐败等因素，电力投资始终不足、建设迟缓，2011年人均发电装机、人均电力消费分别只有中国的20%和23%。

总之，印度发展经济拥抱财富的主观欲望远逊于中国，对于电力等基础设施的重视程度也反差显著，因此，印度的电力发展水平与管理能力显著落后于中国。而与此相辅相成的是，电力等基础设施的落后也制约了印度城市化工业化的进一步发展，城市规模不足无法吸纳更多劳动力，普遍的电力短缺限制工业体系的发育、抑制了外来投资。

（2）专业能力

提高电力供应与保障能力，除了主观的欲望、需求的拉动，还需要相应的专业能力。

2001—2011年，印度发电量年均增速4.6%，平均电力生产弹性为0.61%；而同期中国发电量年均增速12.3%，平均电力生产弹性达到1.16%，有力地支撑了中国工业化特别是电气化发展的需求。

目前，印度电网投资仅占全部电力投资的1/3左右，电网建设管理显著滞后，线损长期高达20%以上，网架结构薄弱多次引发大停电事故；而中国已经走过"先厂后网"的历史阶段，近年来电网投资已经达到电源投资的85%以上，甚至曾经超过后者。

2001—2011年印度220kV及以上变电容量的年均增速（8.45%）已经超越输电线路长度的年均增速（5.97%），显示出与中国"先线后站"类似的技术发展线路；但截至2011年底，印度220kV及以上输电线路长度及变电容量分别只有中国的56%、18%，扭转站点建设落后于线路的结构性问题还任重道远。

印度电价严重偏低且偷电严重，地方的"选举政治"影响巨大，很多邦已经多年没有调整电价，农业灌溉甚至免费，造成电力企业巨额亏损；而在中国，电价政策已经经历了几个不同的历史阶段，还本付息、燃运加价、建设基金等扩张性的价格政策曾经有力推动电力建设。

印度因投资不足、建设滞后而长期电力短缺，通常年份电量缺口在8%左右，高峰时段达12%；而在中国，电荒已经跨过投资不足、装机短缺的历史阶段，目前更多呈现为时段性、地区性的供需不平衡。

在印度，即使首都新德里也经常拉闸限电，商户居民很多自备柴油发电机，2011年无电人口高达2.89亿；而中国2011年城市、农村供电可靠率分别达到99.95%及99.79%，无电人口仅剩最后的380万并已明确在"十二五"期间解决。

（3）权力观念

中国电力建设领域始终坚持了统一系统规划的基本原则，基本维持了全国电源、电网建设的整体性和有序性；而印度电力管理体制复杂，中央政府相对权威较弱且职能分散，各邦在电力政策以及法规上自主权很大，电力建设管理体系混乱、效率低下，印度编制发布的"十五"、"十一五"期间电力规划完成率均不足50%。

中国电力始终坚持了统一技术标准的基本原则，严格执行《安全稳定导则》，基本保证了全国电力系统在技术层面上的协调性与整体性；而印度没有完善的大电网协调控制技术规范，继电保护等安全稳定体系都缺乏统一管理，放松元件功率控制，短期交易缺乏安全校核，导致多次发生电网崩溃的大停电事故。

在电力调度方面，中国不仅始终坚持统一的电力调度体系，而且赋予调度机构以行政权威；印度在发、输、配各环节独立的同时，缺乏统一而有力的电力调度体系，国家及区域调度中心对其他市场主体没有强制性的行政权威，调度指令难保执行，两次大停电均起因于北方四邦超计划用电而导致联络线潮流过重。

总之，印度不仅多次出现频率崩溃的电力系统安全事故，2012年7月30、31日连续发生的两次大停电事故，影响人口达到6.7亿人，世界历史空前；而中国30年来没有出现大面积停电的系统事故，不仅源于对电力安全问题的高度重视，更反映了认可中央集权、认同集体权利的权力观念与文化传统，为应对电荒这样的公共事务提供了坚实的支撑。

2. 地区层面

改革开放以来，广东作为电荒重灾区依然取得了跨越性、超越性的发展。总的来说，一是先行先试，敢为人先，用足政策，抓住机遇，广东作为中国改革开放的前沿，无论是20世纪80年代的集资办电，还是21世纪初的厂网分开，都开全国之先河，并且获得了良好的回报；二是发挥优势，多方探索，对外开放，紧跟先进，广东充分发挥紧邻中国港澳地区、面向海外的地域区位优势，在引进外来资金、技术特别是电企上市、BOT等市场化运作模式方面均体现出近水楼台之利；三是立足自身，不"等、靠、要"，全面谋划，自成体系。广东基础薄弱、资源匮乏，但仍主动出击，不断强化电力供应与保障体系，从核电、抽蓄、燃气三大特色电源，到南网建设、"西电东送"均充分体现广东特色。

作为对比，珠江三角洲与长江三角洲是中国经济发展最核心的两极，广东与江苏是中国经济最发达的两大省份，近年来都保持了较好的经济发展势头，2011

年GDP总量分列全国第一、第二。在电力领域，同样都是电荒的重灾区并均实施了大量应对措施，甚至还具有一次资源匮乏、本地电源空心化、依赖大规模外受电能、省内输电阻塞（江苏跨江输电断面受限）等共同特点，堪称带镣起舞、与时俱进，但在电力乃至经济社会发展的很多领域则存在明显差异。

（1）电力引擎

广东对于电力发展具有异乎寻常的热情。在江苏，钢铁、有色、化工、建材等高耗能产业很多都可以直接使用煤炭、石油等一次能源；而在广东，设备制造、塑料制品、金属制品、工艺品、纺织、服装等主要行业则通常必须以电力为能源。如图51所示，1985—2008年，在广东的终端能源消费量中，煤炭消费从39.7%下降到13.7%，电力消费从29.1%提高到47.9%，比全国平均水平始终高出20个以上百分点；而1995—2010年，广东发电用煤占总煤炭消费的比重从42.17%提高62.18%，发电用能占总能源消费的比重从41.17%提高到48.70%，比全国平均水平始终高出将近10个百分点，较高的电气化水平同时带动了煤炭的集中清洁利用，如图52所示。

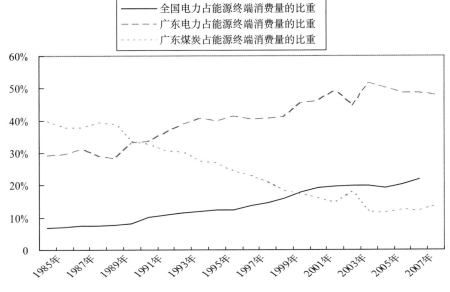

图51　1985—2008年广东终端能源消费结构

具体数据详见附表80。

广东促进电力发展最核心的措施或者传统，就是通过提高电价，给予电力投资者更宽松的经营环境、更大的发展空间。如图53所示，2007—2011年广东居民

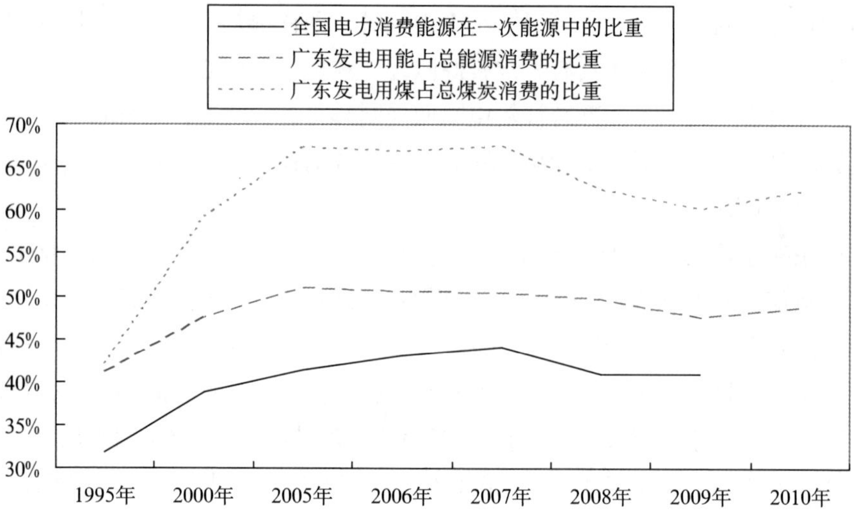

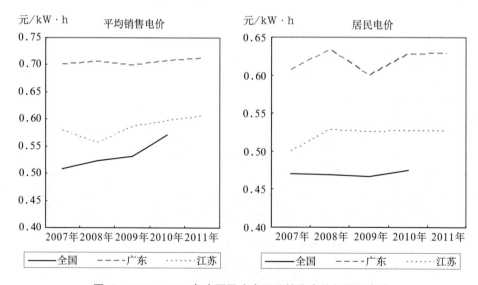

图52　1995—2010年广东电力用能及用煤所占比重

具体数据详见附表81。

电价与平均销售电价均为全国最高，始终比全国平均电价水平高30%左右，而江苏的电力价差一般只比全国水平高10%左右。电力是清洁、便利、高效、灵活的二次能源，全国领先的电气化发展，为广东提供了先进的发展引擎。

图53　2007—2011年全国及广东平均销售电价与居民电价

具体数据详见附表82、附表83。

（2）结构塑造

珠江三角洲与长江三角洲，对内是经济发展的火车头，对外则是"开放搞活"的前沿。而不同的地理区位，使两者出现不同的对接方向，进而塑造出不同的产业结构与能源（电力）结构。

长三角地区主要的开放方向向东，主要对接一衣带水的日本、韩国乃至更远的美国，由此形成以船舶制造、钢铁冶金、化工化纤等重工业为主的产业结构；而珠三角地区主要的开放方向向南，主要对接隔江相望的中国香港和中国澳门乃至更远的东南亚，由此形成家用电器、服装玩具、家具工艺品、塑料金属制品等轻工业比例更大的产业结构。

相应地反映在用电结构上，2005—2011年，钢铁、化工、建材、有色等四大高耗能产业长期占据江苏省制造业用电量前10名的位置，钢铁、化工则始终位居前5名；而同期广东省只有建材能够进入制造业用电量的前5名，钢铁、化工勉强徘徊在8～10名（数据详见附表84）。截至2011年，广东第二产业用电比重比江苏低11.5个百分点、重工业用电比重比江苏低18.6个百分点、四大高耗能产业用电比重比江苏低11.4个百分点，广东走出了一条相对轻型化的发展道路。

（3）历史性赶超

江苏所处的长江三角洲自汉唐以来即为中国最为富庶的地区，新中国成立以来，依托中国最大工业城市（上海）始终都属于富裕省份之列；而广东由于特殊因素，与中国香港近在咫尺而难以公开交流，各项建设发展始终处于被抑制状态。如图54所示，1978年广东的地区产值只有江苏的75%、一般预算财政收入只有江苏的64%；改革开放之后，通过电气化、轻型化的发展，广东的这两项指标在1989年双双超越江苏，至2011年分别是江苏的108%及107%。1978—2011年，广东地区产值占全国的比重从5.1%提高到11.3%、一般预算财政收入占全国的比重从3.4%提高到5.3%，不仅早已超越江苏而且将近十年以来始终占据全国首位，实现了历史性赶超。

改革开放以来，广东走出了一条典型的赶超型轨迹，电气化、轻型化的发展方式是重要因素。1978—2011年，广东GDP从186亿元提高到53210亿元，年均增速12.2%，同期全社会用电量从82亿千瓦时跃升到4399亿千瓦时，年均增速12.4%。如图55所示，在长达34年的时间里，广东地区累计电力消费弹性系数高达1.002，为经济增长提供了坚强的支撑。近年来，随着上海整体实力超越中国香港，长江三角洲的整体发展超越珠江三角洲，广东未来的进一步发展有赖于与周边地区的协同带动。

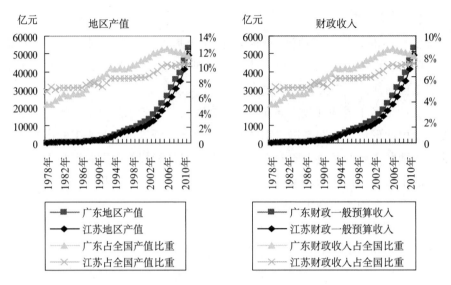

图54　1952—2011年广东、江苏在全国经济中的比重

具体数据详见附表85、附表86。

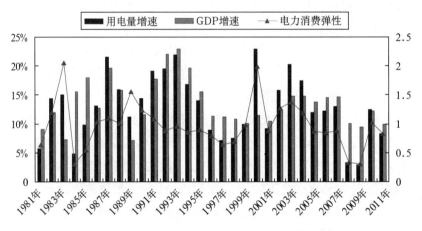

图55　1978—2011年广东地区电力消费弹性系数

具体数据详见附表87。

3. 城市层面

改革开放以来，佛山在持续电荒的背景下依然取得了跨越性、超越性的发展。总的来说，一是直面现实，做足分内，面对电源空心化、自主权受限的制约，通过扶持自备电厂、强化电网建设、优化本地电源，将可为之事做到极限；二是用足政策，敢为人先，除了用足电价政策、购电权政策，从开发公司、电建

集团到佛山公用，在自组企业探索新路方面佛山始终走在绝大多数中国地级城市之前；三是理性定位，兼顾供需，针对资源环境条件引导产业发展，形成合理产业结构，同时积极推进负荷侧管理、智能能源网建设，寻找新的突破机遇。

作为对比，佛山与苏州分别是珠江三角洲与长江三角洲的重要城市，改革开放以来都实现了较好的经济社会发展成就，2011年GDP总量分列全国第7、第14位。在电力领域，同样都是电荒的重灾区并均实施了大量应对措施，而在一次资源匮乏、本地电源空心化、缺乏自主保障体制、依赖大规模外受电能等方面则有很多共同点，但在电力乃至经济社会发展的很多领域则存在明显差异。

（1）本地产业链培育

与广东、江苏的对比类似，佛山、苏州的产业结构也存在比较明显的差异，从用电的角度来看，佛山的第二产业用电比重相对较低而居民占比高，产业结构更轻。亚洲金融危机之后，中国通过大力发展重化工业迅速摆脱困境走出低谷并成为"世界工厂"，苏州是这一模式的典型；而同期并未选择这一道路的佛山，同样取得了令人瞩目的发展成就，1996年进入全国城市前20名之后，十年后即攀升到第12位。

佛山的产业发展：一是以各级各类"园区"的形式培育产业集群，提高土地要素价值；二是充分利用资本市场，"佛山板块"上市公司已达30余家；三是鼓励科技创新，每年仅各种专利申请即超过万项；四是不盲目发展"500强"之类超大型企业，但鼓励成为每一领域的"隐形冠军"（例如"中国灯王"）；五是不断完善企业改制，坚持以我为主，充实新技术、新产品、新内容，而非一卖了之；六是对民资外资"双轮驱动"，平等开放，长期施行"名牌带动战略"且特别重视保护本地品牌。

如图56所示，截至2011年佛山共有中国驰名商标65件，中国名牌产品65个，广东省著名商标324件，广东省名牌产品288个，自2004年以来始终居于全国各地级市之首，被誉为"中国品牌之都"。与兴起于20世纪80年代、现均已香消玉殒的苏州"四大名旦"——香雪海冰箱、孔雀电视、春花吸尘器、长城电扇以及虎丘相机、登月手表相比，佛山的美的小家电、格兰仕微波炉、万家乐热水器、海天调味、东鹏陶瓷、联邦家具等本地品牌堪称历久弥新、与时俱进。

前文曾述2008年以来新型电荒的一个重要因素，即火电厂与上游煤炭企业利润反差过大。其实无独有偶，21世纪以来世界上主要资源领域，如煤炭、石油、铁、铜、铝、硅都存在产业链中游企业经营困难的情况，炼油厂、钢铁厂、电解铝厂等与火电厂共同的烦恼就是——产业链过短，既缺乏上游的资源，又远离下游的市场，作为粗加工环节必然收益微薄且受制于人，难承风险。

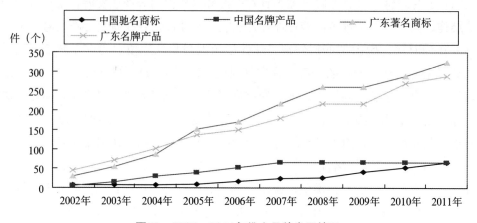

图56　2002—2011年佛山品牌发展情况

具体数据详见附表88。

而佛山式的本土品牌保护战略，本质上正是培育本地长产业链，形成配套产业集群，扩大就业面，增加利润点，抵御周期波动风险。与东莞、苏州嵌入式粗加工的发展模式相比，佛山以本地品牌为核心培育长产业链的发展模式，具有更强的韧性与可持续性，甚至还可能拥有更低的能耗电耗水平。

（2）区域竞争定位

佛山与苏州拥有不同的用电结构与产业发展模式，更加内在的因素则在于不同的竞争定位。

改革开放30余年，中国整体发展迅猛但内部不均衡，包括地区之间、城市之间，有成功、有失败、有崛起、有沉沦，特别是在珠江三角洲与长江三角洲这样的城市集群地带，城市之间的竞争更是短兵相接，不同的竞争环境直接影响到城市的自我定位与发展战略。

①珠江三角洲。如前所述，新中国成立以来珠江三角洲地区的经济基础并不雄厚，1978年中国内地城市前20名中，包括鞍山等5座东北城市，唐山等6座华北城市，长三角也有5座，而珠三角只有广州1座城市入围且仅列第8位。

改革开放之后，中国香港第一时间成为珠三角的超级龙头城市，1979年GDP为广州的23倍。因此，珠三角的城市之间是非常典型的梯度发展，竞争是相对有限的，发展阶段上的落差反而形成分工合作的可能性。

如图57所示，第一梯度是中国香港，始终位居珠三角第一，虽然亚洲金融危机之后至今一蹶不振，但"香港崇拜"在珠三角依然难以消散。第二梯度是广州、深圳，20世纪80年代以来稳居第2位、第3位，虽然广深矛盾暗流汹涌，但赶超中国香港仍是共同目标，2011年已经分别追赶到中国香港GDP的79%及74%。第三梯度则是后期涌现的佛山、东莞，分别于1996、2003年进入中国城市前20名，但到2011年仍分别只有深圳GDP的57%、41%。

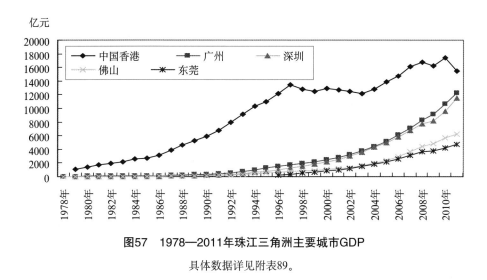

图57　1978—2011年珠江三角洲主要城市GDP

具体数据详见附表89。

佛山身后最主要的追赶者是东莞，但佛山2005年至今已经稳定在全国第12-14名，而东莞依然在20名上下沉浮——后无强大追兵，前者差距尚大，佛山在珠三角区域竞争中的环境其实是相当宽松的，因此，能够有机会比较从容地培育本地品牌、塑造长产业链，即使提出"适度重型化"战略，也依然能够保持节能减排的力度，而不会饥不择食，盲目上马大型高耗能项目。

②长江三角洲。而在长江三角洲，汉唐以来即为中国最富庶之地，经济基础极其雄厚。1978年时，上海作为内地第一经济城市，GDP规模为第2位（北京）、第3位（天津）、第4位（重庆）的总和。除了上海，苏州、杭州、无锡、南京、宁波都长期位列中国城市前20名，显示了长三角地区深厚的家底。

改革开放之后，GDP成为中国城市的第一诉求，长江三角洲由此形成一超五强的激烈竞争。除了让邻居们又恨又爱的上海，其他5家各方面情况均近似，每一座都是人杰地灵、钟灵毓秀的中华名城，一场平行"混战"无法避免。

如图58所示，上海是长三角当之无愧的第一，2010年甚至完成超越中国香港的历史使命，重夺中国经济第一城市。而其他5家，则经历了复杂的较量，整个20世纪80年代苏州、杭州斗法激烈，差距最小时年度GDP差距不足亿元；无锡

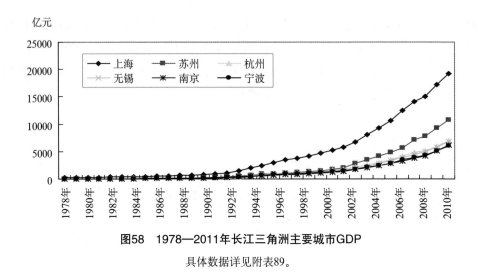

图58 1978—2011年长江三角洲主要城市GDP

具体数据详见附表89。

先与南京缠斗，后与杭州绞杀，在竞争中逐步上位；而南京在被无锡拉开差距之后，又转而与宁波较劲。

苏州在长三角第二经济城市的位置已经坐了20年，目前的GDP规模领先后面的杭州、无锡50%左右，落后上海80%左右，表面似乎无忧，但长三角地区的竞争对手实在强大，每一个都底蕴深厚，而且除上海之外又有太多的同质性，稍微松口气就有被翻盘的可能。因此，虽然苏州目前的经济规模远大于佛山，但竞争压力同样远高于佛山，而在GDP驱动依然强大的时候，对于结构调整、能耗控制通常难以真正到位。

（3）地方商业传统

苏州为中国历史名城，古称吴郡，筑城于春秋，设州于隋代；而佛山虽也堪称历史悠久，但到唐朝才以镇闻名，1912年才建制升格为县（南海县）。因此，佛山虽然始终是岭南经济文化圈的重要代表，但与江南名城苏州始终差距显著。在经济规模方面，1978年佛山地区产值只有苏州的41%。但自改革开放以来，佛山走出了一条适合自身的道路，到2011年，佛山地区产值达到苏州的58%；如果将1988年分立出去的中山地区2191亿元产值合并进来，则达到苏州的78%。在苏州作为"苏南模式"的代表创造出苏南奇迹的同时，1978—1991年佛山低调地将与苏州的产值差距从59个百分点缩小到24个。根据中国社科院《中国城市竞争力蓝皮书》，在2011年、2012年佛山均列第12位，在全国400余座地级城市中位列第一，城市竞争力超过苏州、无锡等名城，如图59所示。

　　除了与长江三角洲的苏州对比之外，佛山地处中国改革开放前沿，1980年中国最早建立了四大经济特区，给予了大量特殊优惠政策、寄予了深厚希望。但30年来，四大特区中仅仅深圳实现了真正的腾飞，从宝安农业县的一个圩镇演变为中国第5经济城市；而另外3个特区，珠海、汕头、厦门则从未进入过全国城市前20名——总体来说，经济特区的特殊优惠政策并未带来必然的成功。

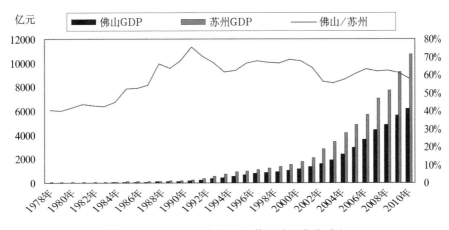

图59　1978—2011年佛山、苏州地区产值对比

具体数据详见附表90。

　　而佛山并未进入最早的特区，本身甚至并不直接临海，在广东各地市中对外开放的区位、人脉等条件也谈不上优越，但通过30余年的发展，佛山稳居珠三角第四大经济城市，取得了比很多经济特区更为显著的成功。原因何在？

　　佛山"肇迹于晋，得名于唐"，具有悠久而深厚的地方商业文化传统。佛山，早在新石器时期既擅制陶、纺织。东汉时期因精于耕作而成鱼米之乡。唐宋时成手工业繁荣的商业城镇。明清时更发展成商贾云集、工商业发达的岭南重镇，与湖北汉口镇、江西景德镇、河南朱仙镇并称中国"四大名镇"，与北京、汉口、苏州并称南北西东"天下四聚"，陶瓷、纺织、铸造、医药四大行业鼎盛于南国，同时还是中国武术之乡。清末，佛山得风气之先，成为我国近代民族工业的发源地之一，先后诞生了中国第一家新式缫丝厂和第一家火柴厂等，更成为南派武术的中心。

　　即使在计划经济年代，佛山人崇商尚武、竞争冒险、敢为人先、务实肯干的精神血脉也未断裂，一批"小水泥"、"小农机"、"小化肥"、"小印刷"等社队企业为日后的腾飞埋下火种。改革开放之后，佛山虽然不是最早的经济特区，但领风气之先的案例层出不穷，先后两次吸引邓小平来考察，"洗脚上田"、"祝富贺富"、"以港为师"、"中国首富"、"家电王国"、"广货北伐"等均成时代标签。第一家"三来一补"企业、最早探索产权制度改革、首家地方债"贷款修路、收费还贷"、第一个个体劳动者协会、首倡资本市场佛山板块、率先全部撤销收费站、第一位农民工全国人大代表等均具有历史意义，即使健力宝、科龙这样的故事也深刻佛山传统文化烙印。

总之，政策是死的，而人是活的，地方商业文化传统在很多时候比特区政策更加本质。最早的四大经济特区中，除了对接中国香港的深圳取得成功，其他均未表现出应有成就，缺乏地方商业文化传统是重要因素。改革开放之前，对接中国澳门的珠海仅仅是一个以渔业为主的边防县，商业传统与佛山无法相提并论；潮汕虽有独特商业传统与丰富外侨资源，但从谢国民到黄光裕、马化腾均更多体现"猛龙过江不回头"的特色文化；而寄望于对接中国台湾的厦门，经济发展更难匹配其副省级待遇，反而是相邻的泉州，借助海上丝路重镇的地方商业文化传统，已经连续14年称雄福建，2012年地区产值超出厦门将近70%。与泉州类似的佛山，2012年地区产值比珠海、汕头、厦门三大特区的总和（5736亿元）还高将近1000亿元。

佛山人没有高岭土敢做陶瓷，不产木材敢做家具，没有政策敢探索，不是特区敢创新……这种敢于求富并善于求富的地方商业文化传统，正是佛山能够按照自己的步调与模式成功发展的内在基因。

结　语

电是人类高级生产力的代表。

能源技术、信息技术、生产方式、交通方式是决定人类文明进阶的基本因素。18世纪晚期以来，工业革命带来人类经济社会的腾飞，手工工场—蒸汽机—内燃机—电气化—信息化则是其文明进步的重要主线。目前人类更已迈向智能网络——生态文明的门槛。

电气化，使人类能源开发的种类显著增加，能源消费规模与运输范围进一步扩展，能源利用的网络化、系统化特征更加突出；而与工业化、城镇化相比，电气化更具有内涵持续进步、内在价值不断提升的特性，在未来生态文明体系中同样具有举足轻重的价值，如表5所示。

表5　人类各文明阶段的能源利用

	原始文明 （旧石器时代）	农业文明 （新石器/青铜器/ 铁器时代）	工业文明 （手工工场/蒸汽机/电气/ 信息时代）	生态文明 （智能网络时代）
生物能	薪柴、人力	薪柴、畜力	生物质燃料（液体、气体）；大规模种植；小规模发电	土地节约型生物质能源（基因技术）
太阳能	直接热利用	直接热利用（晒盐）	反射、集热；小规模发电	高效光电、热电；智能控制；空天采集
风能	—	机械能转化	小规模发电	智能控制；空天采集
水能	—	机械能转化	大规模发电；抽水蓄能	陆地水能开发殆尽，开始海洋水能的非常规资源开发
固体矿物能	—	少量煤炭热利用	大规模开发；可远距离运输；直燃、发电、化工	非常规资源大规模开发；综合利用；高效燃烧；清洁技术
液体矿物能	—	—	大规模开发；全球运输；直燃、发电、化工	非常规资源大规模开发；综合利用；高效燃烧

（续表）

	原始文明 （旧石器时代）	农业文明 （新石器/青铜器/ 铁器时代）	工业文明 （手工工场/蒸汽机/电气/ 信息时代）	生态文明 （智能网络时代）
气体矿物能	—	—	大规模开发；全球运输；直燃、发电	非常规资源大规模开发；综合利用；高效燃烧
核能	—	—	核裂变；大规模发电	进一步提高安全性；小型化；核聚变
地热能	—	—	热利用；小规模发电	有待突破
潮汐能	—	—	机械能转化；小规模发电	有待突破
消费端等效能	—	—	小规模需求侧管理	通过智能能源网络，进一步推动实现更大规模的换能、调能、储能、节能

　　1978年以来，中国确立了以经济建设为中心的基本发展方向，成功走上了具有中国特色的经济社会发展道路。即使在不同类型电荒的背景下，依然通过一次次面对困境、又一次次变革改进而不断发展进步。

　　中国式电荒的演进与应对，其长期性、成长性、阶段性、周期性的突出特征，本质上反映了电气化与工业化、城镇化的深度结合，以及电气化与国际化、市场化的深度结合。同时再次印证了，持续进步、价值提升的电气化是现代经济社会发展的必需，如表6所示。

表6　现代化经济社会发展

		电气化	
现代化	生产力领域	信息化	技术升级
		智能化	
	生产关系领域	工业化	结构演进
		城市化	
		国际化	

　　展望未来，依然存在出现多种电荒的可能性。但"道高一尺、魔高一丈"，只要能够继续坚持解放思想、实事求是、与时俱进，相信人们总会找到更适宜的应对之策。

　　而在生态文明/智能网络时代，解决电力供应与保障的世界性难题，克服（一次）能源不独立这一普遍的发展隐忧，是在新的历史阶段与文明格局中，争当弄潮儿与领舞者的基本要素。

　　因此，中国式电荒的演进与应对，是一个还未结束的故事，是一个通向未来的故事。

附　表

附表1　1978—2011年中国及世界发电机组利用小时数

单位：h

年份	平均小时数		火电小时数	
	世界	全国	世界	全国
1978年	—	5149	—	6018
1979年	—	5175	—	5956
1980年	—	5078	—	5775
1981年	—	4955	—	5511
1982年	—	5007	—	5542
1983年	—	5101	—	5513
1984年	—	5190	—	5748
1985年	—	5308	—	5893
1986年	—	5388	—	5974
1987年	—	5392	—	6011
1988年	—	5313	—	5907
1989年	—	5171	—	5716
1990年	4269	5041	4243	5413
1991年	4292	5030	4240	5451
1992年	4254	5039	4197	5462
1993年	4246	5068	4130	5455
1994年	4248	5233	4146	5574
1995年	4295	5216	4161	5454
1996年	4335	5033	4189	5418
1997年	4402	4765	4300	5114
1998年	4389	4501	4280	4811
1999年	4460	4393	4407	4719
2000年	4494	4517	4429	4848
2001年	4307	4588	4204	4900

(续表)

年份	平均小时数		火电小时数	
	世界	全国	世界	全国
2002年	4317	4860	4214	5272
2003年	4276	5245	4217	5767
2004年	4322	5455	4247	5991
2005年	4358	5425	4290	5865
2006年	4304	5198	4219	5612
2007年	4331	5020	4324	5316
2008年	4308	4648	4306	4885
2009年	4175	4546	4145	4865
2010年	4225	4660	4204	5031
2011年		4731		5294

附表2 1978—2011年中国35kV及以上输电线路长度、变电设备容量

年份	电网设备规模		定基指数（1=1978年）	
	输电线路长度（万km）	变电设备容量（亿kV·A）	输电线路长度	变电设备容量
1978年	23.1	1.3	1.0	1.0
1979年	25.9	1.4	1.12	1.08
1980年	27.6	1.6	1.19	1.23
1981年	28.8	1.7	1.25	1.31
1982年	30.1	1.9	1.3	1.46
1983年	32.1	2.0	1.39	1.54
1984年	33.6	2.1	1.45	1.62
1985年	35.1	2.3	1.52	1.77
1986年	37.5	2.6	1.62	2.0
1987年	39.5	2.9	1.71	2.23
1988年	42.6	3.3	1.84	2.54
1989年	45.1	3.7	1.95	2.85
1990年	46.4	3.9	2.01	3.0
1991年	48.2	4.3	2.09	3.31
1992年	50.7	4.7	2.19	3.62
1993年	51.8	5.1	2.24	3.92
1994年	53.9	5.7	2.33	4.38

(续表)

年份	电网设备规模		定基指数（1=1978年）	
	输电线路长度（万km）	变电设备容量（亿kV·A）	输电线路长度	变电设备容量
1995年	56.7	6.3	2.45	4.85
1996年	59.9	7.0	2.59	5.38
1997年	62.6	7.7	2.71	5.92
1998年	65.7	8.3	2.84	6.38
1999年	68.6	9.2	2.97	7.08
2000年	72.6	10.0	3.14	7.69
2001年	78.2	11.2	3.39	8.62
2002年	80.4	12.4	3.48	9.54
2003年	87.9	13.9	3.81	10.69
2004年	89.7	15.7	3.88	12.08
2005年	97.4	18.2	4.22	14.0
2006年	102.9	21.0	4.45	16.15
2007年	110.6	24.2	4.79	18.62
2008年	116.9	28	5.06	21.54
2009年	122.9	32.5	5.32	25.0
2010年	133.7	36.2	5.79	27.85
2011年	141.0	39.8	6.1	30.62

附表3　1978—2011年中国全口径发电量、装机容量及GDP

年份	国内生产总值（亿元，当年价）	全口径发电量（亿kW·h）	发电装机容量（万kW）
1978年	3645.2	2566	5712
1979年	4062.6	2820	6302
1980年	4545.6	3006	6587
1981年	4891.6	3093	6913
1982年	5323.4	3277	7236
1983年	5962.7	3514	7644
1984年	7208.1	3770	8012
1985年	9016.0	4107	8705
1986年	10275.2	4496	9382
1987年	12058.6	4973	10290

(续表)

年份	国内生产总值 (亿元，当年价)	全口径发电量 (亿kW·h)	发电装机容量 (万kW)
1988年	15042.8	5451	11550
1989年	16992.3	5847	12664
1990年	18667.8	6213	13789
1991年	21781.5	6775	15177
1992年	26923.5	7542	16683
1993年	35333.9	8364	18321
1994年	48197.9	9279	19990
1995年	60793.7	10069	21772
1996年	71176.6	10794	23654
1997年	78973.0	11342	25424
1998年	84402.3	11577	27729
1999年	89677.1	12331	29877
2000年	99214.6	13684	31932
2001年	109655.2	14839	33849
2002年	120332.7	16542	35657
2003年	135822.8	19052	39141
2004年	159878.3	21944	44239
2005年	184937.4	24975	51718
2006年	216314.4	28499	62370
2007年	265810.3	32644	71822
2008年	314045.4	34510	79253
2009年	340902.8	36639	87407
2010年	401202.0	42278	96219
2011年	471564.0	47217	105576

附表4　1978—2011年中国能源消费及电力消费弹性系数

年份	能源消费弹性系数	电力消费弹性系数	年份	能源消费弹性系数	电力消费弹性系数
1978年	0.78	1.29	1995年	0.63	0.85
1979年	0.33	1.39	1996年	0.59	0.69
1980年	0.37	0.9	1997年	—	0.47
1981年		0.92	1998年	—	0.36
1982年	0.48	0.65	1999年	—	0.87
1983年	0.59	0.67	2000年	0.42	1.36
1984年	0.48	0.49	2001年	0.40	1.08
1985年	0.60	0.53	2002年	0.66	1.28

(续表)

年份	能源消费弹性系数	电力消费弹性系数	年份	能源消费弹性系数	电力消费弹性系数
1986年	0.62	1.06	2003年	1.53	1.53
1987年	0.62	0.92	2004年	1.60	1.51
1988年	0.65	0.82	2005年	0.93	1.37
1989年	1.03	1.83	2006年	0.76	1.28
1990年	0.48	1.66	2007年	0.59	1.3
1991年	0.56	1.01	2008年	0.41	0.58
1992年	0.37	0.8	2009年	0.57	0.69
1993年	0.45	0.71	2010年	0.57	1.08
1994年	0.44	0.79	2011年	0.76	1.27

数据来源：中电联。

附表5　1978—2009年中国电能占终端能源消费比重、电力消费能源在一次能源中的比重

年份	电能占终端能源消费比重	电力消费能源在一次能源中的比重	年份	电能占终端能源消费比重	电力消费能源在一次能源中的比重
1978年	—	20.90%	1994年	11.9%	31.36%
1979年	—	21.62%	1995年	12.4%	31.88%
1980年	6.4%	22.03%	1996年	12.3%	31.81%
1981年	6.7%	22.79%	1997年	13.7%	34.08%
1982年	6.7%	23.00%	1998年	14.6%	36.11%
1983年	6.8%	22.95%	1999年	15.8%	36.86%
1984年	6.8%	22.78%	2000年	17.9%	38.87%
1985年	6.9%	22.93%	2001年	19.1%	40.95%
1986年	7.1%	23.69%	2002年	19.7%	42.56%
1987年	7.4%	24.56%	2003年	19.9%	41.70%
1988年	7.5%	24.94%	2004年	19.8%	41.12%
1989年	7.7%	25.41%	2005年	19.2%	41.39%
1990年	8.1%	26.58%	2006年	20.3%	43.10%
1991年	10.1%	27.63%	2007年	21.8%	44.12%
1992年	10.8%	29.00%	2008年	—	40.94%
1993年	11.4%	29.95%	2009年	—	40.96%

附表6　1997—2011年中国单位GDP的能耗与电耗（2000年不变价）

年份	单位GDP能耗 (吨标煤/万元GDP)	单位GDP电耗 (kW·h/万元GDP)	年份	单位GDP能耗 (吨标煤/万元GDP)	单位GDP电耗 (kW·h/万元GDP)
1997年	1.78	1383	2005年	1.43	1568
1998年	1.59	1335	2006年	1.42	1578
1999年	1.46	1346	2007年	1.36	1619
2000年	1.4	1357	2008年	1.3	1568
2001年	1.33	1362	2009年	1.27	1532
2002年	1.3	1367	2010年	1.22	1571
2003年	1.36	1465	2011年	1.19	1607
2004年	1.43	1470			

附表7　发达国家电气化发展主要指标

电能占终端能源消费比重							
年份	美国	日本	德国	加拿大	法国	英国	澳大利亚	中国
1990	17.24%	22.10%	15.83%	22.22%	17.85%	16.23%	19.13%	8.1%
1995	18.79%	22.66%	16.21%	21.62%	18.86%	16.53%	19.42%	12.4%
2000	19.24%	23.10%	17.47%	21.72%	19.58%	17.62%	20.64%	17.9%
2005	20.07%	23.74%	17.97%	21.57%	20.88%	18.38%	22.68%	19.2%
2007	20.72%	25.40%	—	—	22.20%	20.59%	—	21.8%

电力消费能源在一次能源中的比重							
年份	美国	日本	德国	加拿大	法国	英国	韩国	中国
1990	40.8%	45.9%	33.7%	56.8%	44.9%	34.7%	35.3%	23.8%
1995	41.5%	46.1%	35.8%	57.6%	49.1%	34.6%	36.1%	29.6%
2000	43.9%	46.8%	39.1%	57.2%	47.7%	34.8%	43.7%	38.9%

数据来源：IEA。

附表8　1980—2011年中国GDP与用电量、发电装机及小时数的增速

年份	GDP增速	用电量增速	发电小时数增速	发电装机增速
1980年	7.8%	7%	−1.9%	4.5%
1981年	5.2%	4.8%	−2.4%	4.95%
1982年	9.1%	5.9%	1%	4.67%
1983年	10.9%	7.3%	1.9%	5.64%
1984年	15.2%	7.4%	1.7%	4.81%
1985年	13.5%	7.2%	2.3%	8.65%

（续表）

年份	GDP增速	用电量增速	发电小时数增速	发电装机增速
1986年	8.8%	9.3%	1.5%	7.78%
1987年	11.6%	10.7%	0.1%	9.68%
1988年	11.3%	9.3%	−1.5%	12%
1989年	4.1%	7.5%	−2.7%	9.65%
1990年	3.8%	6.3%	−2.5%	8.88%
1991年	9.2%	9.3%	−0.2%	10.1%
1992年	14.2%	11.3%	0.2%	9.92%
1993年	14%	10%	0.6%	9.82%
1994年	13.1%	10.3%	3.3%	9.11%
1995年	10.9%	9.3%	−0.3%	8.66%
1996年	10%	6.9%	−3.5%	8.89%
1997年	9.3%	4.4%	−5.3%	7.48%
1998年	7.8%	2.8%	−5.5%	9.1%
1999年	7.6%	6.6%	−2.4%	7.75%
2000年	8.4%	11.4%	2.8%	6.88%
2001年	8.3%	9%	1.6%	6%
2002年	9.1%	11.6%	5.9%	5.3%
2003年	10%	15.3%	7.9%	9.77%
2004年	10.1%	15.2%	4%	13%
2005年	10.4%	14.2%	−0.5%	16.9%
2006年	11.1%	14.2%	−4.2%	20.6%
2007年	11.4%	14.8%	−3.4%	15.2%
2008年	9%	5.2%	−6.8%	10.3%
2009年	8.7%	5.96%	−3.2%	10%
2010年	10.3%	11.1%	2.9%	13.2%
2011年	9.2%	11.7%	1.5%	9.25%

附表9　1978—2011年全国及广东、江苏全社会用电量

年份	全国用电量（亿kW·h）	广东		江苏	
		用电量（亿kW·h）	在全国占比	用电量（亿kW·h）	在全国占比
1978年	2498	82	3.3%	146	5.8%
1979年	2762	108	3.9%	166	6.0%
1980年	2954	105	3.6%	187	6.3%

(续表)

年份	全国用电量 （亿kW·h）	广东		江苏	
		用电量 （亿kW·h）	在全国占比	用电量 （亿kW·h）	在全国占比
1981年	3046	111	3.6%	203	6.7%
1982年	3224	127	3.9%	214	6.6%
1983年	3466	146	4.2%	230	6.6%
1984年	3732	153	4.1%	249	6.7%
1985年	4051	168	4.1%	269	6.6%
1986年	4429	190	4.3%	298	6.7%
1987年	4903	231	4.7%	337	6.9%
1988年	5359	268	5.0%	362	6.8%
1989年	5762	298	5.2%	374	6.5%
1990年	6126	341	5.6%	407	6.6%
1991年	6697	406	6.1%	449	6.7%
1992年	7455	485	6.5%	509	6.8%
1993年	8201	591	7.2%	563	6.9%
1994年	9046	691	7.6%	637	7.0%
1995年	9886	788	8.0%	699	7.1%
1996年	10570	858	8.1%	743	7.0%
1997年	11039	919	8.3%	774	7.0%
1998年	11347	988	8.7%	785	6.9%
1999年	12092	1086	9.0%	847	7.0%
2000年	13466	1335	9.9%	971	7.2%
2001年	14683	1458	9.9%	1078	7.3%
2002年	16386	1688	10.3%	1245	7.6%
2003年	18891	2031	10.8%	1505	8.0%
2004年	21761	2387	11.0%	1820	8.4%
2005年	24781	2674	10.8%	2193	8.8%
2006年	28368	3004	10.6%	2570	9.1%
2007年	32565	3394	10.4%	2952	9.1%
2008年	34380	3507	10.2%	3118	9.1%
2009年	36598	3610	9.9%	3314	9.1%
2010年	41999	4060	9.7%	3864	9.2%
2011年	47026	4399	9.4%	4282	9.1%

附表10　1978—2011年中国全社会用电量前十位省份

年份	1	2	3	4	5	6	7	8	9	10	
1978年	辽宁	河北	山东	上海	江苏	四川	河南	黑龙江	山西	吉林	广东第15位
1979年	辽宁	河北	山东	江苏	上海	四川	河南	黑龙江	山西	吉林	广东第11位
1980年	辽宁	河北	山东	江苏	河南	四川	上海	黑龙江	湖北	山西	广东第13位
1981年	辽宁	江苏	山东	河北	河南	四川	上海	黑龙江	湖北	山西	广东第13位
1982年	辽宁	江苏	山东	河北	河南	四川	上海	黑龙江	湖北	山西	广东第12位
1983年	辽宁	江苏	山东	河北	河南	四川	上海	黑龙江	湖北	广东	
1984年	辽宁	江苏	山东	河北	河南	四川	上海	黑龙江	湖北	广东	
1985年	辽宁	江苏	山东	河北	四川	河南	上海	黑龙江	湖北	广东	
1986年	辽宁	山东	江苏	河北	河南	四川	上海	黑龙江	湖北	广东	
1987年	辽宁	江苏	山东	河北	河南	四川	黑龙江	广东	上海	湖北	
1988年	辽宁	山东	江苏	河北	河南	四川	广东	黑龙江	湖北	上海	
1989年	辽宁	山东	江苏	河北	河南	四川	广东	黑龙江	湖北	山西	
1990年	辽宁	山东	江苏	河北	广东	四川	河南	黑龙江	湖北	上海	
1991年	山东	辽宁	江苏	广东	河北	四川	河南	黑龙江	湖北	上海	
1992年	山东	辽宁	江苏	广东	河北	河南	四川	黑龙江	湖北	上海	
1993年	山东	广东	辽宁	江苏	河北	四川	河南	黑龙江	湖北	上海	
1994年	广东	山东	江苏	辽宁	河北	四川	河南	浙江	湖北	上海	
1995年	广东	山东	江苏	辽宁	河南	河北	四川	浙江	湖北	上海	
1996年	广东	山东	江苏	辽宁	河北	河南	四川	浙江	上海	湖北	
1997年	广东	山东	江苏	辽宁	河北	河南	浙江	上海	四川	山西	
1998年	广东	山东	江苏	河北	辽宁	河南	浙江	上海	湖北	四川	
1999年	广东	山东	江苏	河北	辽宁	河南	浙江	上海	湖北	山西	
2000年	广东	山东	江苏	河北	辽宁	浙江	河南	上海	四川	湖北	
2001年	广东	山东	江苏	河北	浙江	河南	辽宁	上海	四川	山西	
2002年	广东	江苏	山东	浙江	河北	河南	辽宁	四川	上海	山西	
2003年	广东	江苏	山东	浙江	河北	河南	辽宁	四川	上海	山西	
2004年	广东	江苏	山东	浙江	河北	河南	辽宁	四川	山西	上海	
2005年	广东	江苏	山东	浙江	河北	河南	辽宁	山西	四川	上海	
2006年	广东	江苏	山东	浙江	河北	河南	辽宁	山西	四川	上海	
2007年	广东	江苏	山东	浙江	河北	河南	辽宁	山西	四川	内蒙古	
2008年	广东	江苏	山东	浙江	河北	河南	辽宁	山西	内蒙古	四川	
2009年	广东	江苏	山东	浙江	河北	河南	辽宁	四川	内蒙古	山西	
2010年	广东	江苏	山东	浙江	河北	河南	辽宁	四川	内蒙古	山西	
2011年	广东	江苏	山东	浙江	河北	河南	内蒙古	辽宁	四川	山西	

附表11　1978—2011年中国国内生产总值前十位省份

年份	1	2	3	4	5	6	7	8	9	10	广东占全国GDP比重
1978年	上海	江苏	辽宁	山东	广东	四川	河北	黑龙江	河南	湖北	5.10%
1979年	江苏	上海	山东	辽宁	广东	四川	河北	河南	湖北	黑龙江	5.20%
1980年	江苏	上海	山东	辽宁	广东	四川	河南	黑龙江	河北	湖北	5.50%
1981年	江苏	山东	上海	广东	辽宁	河南	四川	黑龙江	河北	湖北	5.90%
1982年	山东	江苏	广东	上海	辽宁	四川	河南	河北	黑龙江	湖北	6.40%
1983年	山东	江苏	广东	辽宁	上海	河南	四川	河北	黑龙江	湖北	6.20%
1984年	山东	江苏	广东	辽宁	上海	河南	四川	河北	湖北	浙江	6.40%
1985年	山东	江苏	广东	辽宁	上海	河南	浙江	四川	河北	湖北	6.40%
1986年	江苏	山东	广东	辽宁	河南	浙江	上海	四川	湖北	河北	6.50%
1987年	江苏	山东	广东	辽宁	河南	浙江	上海	四川	河北	湖北	7.00%
1988年	江苏	广东	山东	辽宁	浙江	河南	河北	四川	上海	湖北	7.70%
1989年	广东	江苏	山东	辽宁	河南	浙江	河北	四川	湖北	上海	8.10%
1990年	山东	广东	江苏	四川	辽宁	河南	浙江	河北	湖北	上海	7.90%
1991年	山东	广东	江苏	四川	辽宁	浙江	河北	河南	湖北	上海	8.20%
1992年	广东	山东	江苏	四川	辽宁	浙江	河南	河北	上海	湖北	8.50%
1993年	广东	江苏	山东	辽宁	浙江	河北	河南	上海	四川	湖北	9.80%
1994年	广东	江苏	山东	浙江	辽宁	河南	河北	四川	上海	湖北	9.60%
1995年	广东	江苏	山东	浙江	河南	河北	辽宁	上海	四川	湖南	9.80%
1996年	广东	江苏	山东	浙江	河南	河北	辽宁	上海	四川	湖南	9.60%
1997年	广东	江苏	山东	浙江	河南	河北	辽宁	上海	四川	福建	9.80%
1998年	广东	江苏	山东	浙江	河南	河北	辽宁	上海	四川	福建	10.10%
1999年	广东	江苏	山东	浙江	河南	河北	上海	辽宁	四川	福建	10.30%
2000年	广东	江苏	山东	浙江	河南	河北	上海	辽宁	四川	福建	10.80%
2001年	广东	江苏	山东	浙江	河南	河北	上海	辽宁	四川	福建	11.00%
2002年	广东	江苏	山东	浙江	河南	河北	上海	辽宁	四川	福建	11.20%
2003年	广东	江苏	山东	浙江	河北	河南	上海	辽宁	四川	北京	11.70%
2004年	广东	山东	江苏	浙江	河南	河北	上海	辽宁	四川	北京	11.80%
2005年	广东	江苏	山东	浙江	河南	河北	上海	辽宁	四川	北京	12.20%
2006年	广东	山东	江苏	浙江	河南	河北	上海	辽宁	四川	北京	12.30%
2007年	广东	江苏	山东	浙江	河南	河北	上海	辽宁	四川	北京	12.00%
2008年	广东	江苏	山东	浙江	河南	河北	上海	辽宁	四川	湖南	11.70%
2009年	广东	江苏	山东	浙江	河南	河北	辽宁	上海	四川	湖南	11.60%
2010年	广东	江苏	山东	浙江	河南	河北	辽宁	四川	上海	湖南	11.50%
2011年	广东	江苏	山东	浙江	河南	河北	辽宁	四川	湖南	湖北	11.20%

附表12 2011年中国各省市区电力缺口

排序	省份	最高用电负荷 （万kW）	实际最大用电缺口 （万kW）	最大缺口/最高负荷
1	广东	7475	740	9.90%
2	江苏	5815	720	12.40%
3	湖南	1670	613	36.70%
4	浙江	3548	535	15.10%
5	山西	2608	440	—
6	广西	—	408	—
7	河南	3981	399	10.00%
8	云南	2102	363	17.30%
9	山东	4311	343	8.00%
10	四川	2771	263	9.50%
11	江西	1207	224	18.60%
12	湖北	2176	223	10.20%
13	安徽	1903	204	10.70%
14	河北	1990	193	9.70%
15	重庆	840	183	21.80%
16	贵州	1980	127	6.40%
17	上海	1811	30	1.70%

附表13 1978—2011年全国及广东、江苏发电装机容量

年份	全国发电装机容量（万kW）	广东		江苏	
		发电装机容量（万kW）	占比	发电装机容量（万kW）	占比
1978年	5712	259	4.5%	216	3.8%
1979年	6302	276	4.4%	286	4.5%
1980年	6587	303	4.6%	351	5.3%
1981年	6913	334	4.8%	365	5.3%
1982年	7236	357	4.9%	369	5.1%
1983年	7645	369	4.8%	399	5.2%
1984年	8012	380	4.7%	417	5.2%
1985年	8705	419	4.8%	499	5.7%
1986年	9382	465	5.0%	587	6.3%
1987年	10290	591	5.7%	700	6.8%
1988年	11550	603	5.2%	819	7.1%
1989年	12664	695	5.5%	894	7.1%

(续表)

年份	全国发电装机容量（万kW）	广东		江苏	
		发电装机容量（万kW）	占比	发电装机容量（万kW）	占比
1990年	13789	828	6.0%	989	7.2%
1991年	15147	956	6.3%	1034	6.8%
1992年	16653	1083	6.5%	1085	6.5%
1993年	18291	1476	8.1%	1249	6.8%
1994年	19990	1982	9.9%	1396	7.0%
1995年	21722	2272	10.5%	1500	6.9%
1996年	23654	2631	11.1%	1388	5.9%
1997年	25424	2813	11.1%	1465	5.8%
1998年	27729	2907	10.5%	1627	5.9%
1999年	29877	3033	10.2%	1846	6.2%
2000年	31932	3190	10.0%	1925	6.0%
2001年	33849	3360	9.9%	1970	5.8%
2002年	35657	3588	10.1%	2074	5.8%
2003年	39141	3920	10.0%	2238	5.7%
2004年	44239	4262	9.6%	2843	6.4%
2005年	51719	4808	9.3%	4271	8.3%
2006年	62370	5390	8.6%	5207	8.3%
2007年	71822	5886	8.2%	5599	7.8%
2008年	79273	6008	7.6%	5442	6.9%
2009年	87410	6407	7.3%	5662	6.5%
2010年	96641	7113	7.4%	6470	6.7%
2011年	106253	7624	7.2%	7004	6.6%

附表14　1978—2011年全国及广东、江苏当年新增发电能力

年份	全国新增（万kW）	广东		江苏	
		新增（万kW）	占比	新增（万kW）	占比
1978年	504	30	6.0%	16	3.2%
1979年	465	4	0.9%	38	8.2%
1980年	287	17	5.9%	44	15.3%
1981年	264	22	8.3%	4	1.5%
1982年	294	11	3.7%	0	0.0%
1983年	449	6	1.3%	32	7.1%
1984年	378	7	1.9%	12	3.2%
1985年	638	31	4.9%	44	6.9%

（续表）

年份	全国新增（万kW）	广东		江苏	
		新增（万kW）	占比	新增（万kW）	占比
1986年	664	42	6.3%	64	9.6%
1987年	863	108	12.5%	100	11.6%
1988年	1083	27	2.5%	65	6.0%
1989年	1041	77	7.4%	12	1.2%
1990年	1097	140	12.8%	55	5.0%
1991年	1286	114	8.9%	28	2.2%
1992年	1343	107	8.0%	42	3.1%
1993年	1499	354	23.6%	178	11.9%
1994年	1644	515	31.3%	157	9.5%
1995年	1529	305	19.9%	78	5.1%
1996年	1681	337	20.0%	95	5.7%
1997年	1490	173	11.6%	76	5.1%
1998年	2000	107	5.4%	159	8.0%
1999年	2052	149	7.3%	221	10.8%
2000年	2012	200	9.9%	83	4.1%
2001年	1587	—	—	—	—
2002年	1808	157	13.2%	37	3.1%
2003年	3000	—	—	—	—
2004年	5323	379	7.1%	584	11.0%
2005年	7129	381	5.3%	1463	20.5%
2006年	10424	646	6.2%	868	8.3%
2007年	10190	705	6.9%	551	5.4%
2008年	9202	300	3.3%	343	3.7%
2009年	9667	823	8.5%	296	3.1%
2010年	9124	581	6.4%	932	10.2%
2011年	9436	753	8.0%	567	6.0%
累计	96866	7608		—	

附表15　1978—2011年广东、江苏在全国电力建设投资中的比重

年份	全国投资额（亿元）	广东		江苏	
		投资额（亿元）	占比	投资额（亿元）	占比
1978年	49.33	1.26	2.6%	1.94	3.9%
1979年	47.84	1.54	3.2%	2.55	5.3%
1980年	41.23	1.66	4.0%	1.79	4.3%
1981年	34.07	1.07	3.1%	1.22	3.6%

（续表）

年份	全国投资额（亿元）	广东		江苏	
		投资额（亿元）	占比	投资额（亿元）	占比
1982年	42.10	1.57	3.7%	1.27	3.0%
1983年	55.60	1.27	2.3%	1.56	2.8%
1984年	71.55	2.11	2.9%	2.60	3.6%
1985年	96.69	3.08	3.2%	3.80	3.9%
1986年	128.04	6.72	5.2%	5.76	4.5%
1987年	154.81	11.49	7.4%	9.58	6.2%
1988年	214.87	14.11	6.6%	9.58	4.5%
1989年	221.67	16.21	7.3%	7.71	3.5%
1990年	269.87	22.31	8.3%	10.03	3.7%
1991年	316.01	27.31	8.6%	18.22	5.8%
1992年	400.23	33.51	8.4%	27.27	6.8%
1993年	557.88	75.64	13.6%	26.80	4.8%
1994年	725.98	119.25	16.4%	26.88	3.7%
1995年	833.03	95.18	11.4%	44.00	5.3%
1996年	974.19	60.18	6.2%	55.13	5.7%
1997年	1339.43	84.32	6.3%	79.54	5.9%
1998年	1422.45	88.14	6.2%	76.13	5.4%
1999年	1153.70	90.63	7.9%	58.80	5.1%
2000年	953.66	103.81	10.9%	43.31	4.5%
2001年	1946	—	—	—	—
2002年	1239	155	12.5%	153	12.3%
2003年	2895	—	—	—	—
2004年	3285	295	9.0%	492	15.0%
2005年	4754	383	8.1%	567	11.9%
2006年	5288	381	7.2%	410	7.8%
2007年	5677	339	6.0%	337	5.9%
2008年	6302	430	6.8%	377	6.0%
2009年	7702	705	9.2%	445	5.8%
2010年	7417	686	9.2%	405	5.5%
2011年	7614	674	8.9%	452	5.9%
累计	64223	4910			

附表16 1978—2011年中国电力投资前十位省份

年份	1	2	3	4	5	6	7	8	9	10	
1978年	湖北	河南	河北	辽宁	四川	吉林	黑龙江	陕西	湖南	江苏	广东第20位

（续表）

年份	1	2	3	4	5	6	7	8	9	10	
1979年	湖北	四川	山西	江苏	湖南	河北	吉林	辽宁	河南	贵州	广东第15位
1980年	湖北	山西	黑龙江	辽宁	山东	河北	江苏	四川	湖南	广东	—
1981年	湖北	辽宁	河北	黑龙江	山东	四川	陕西	山西	江苏	浙江	广东第12位
1982年	湖北	辽宁	河北	山东	山西	湖南	吉林	浙江	黑龙江	广东	江苏第14位
1983年	湖北	内蒙古	山西	吉林	山东	辽宁	河北	四川	黑龙江	浙江	粤19、苏16
1984年	内蒙古	山西	湖北	河南	山东	辽宁	河北	四川	安徽	吉林	粤16、苏12
1985年	河南	山西	湖北	辽宁	内蒙古	吉林	安徽	四川	浙江	河北	粤15、苏12
1986年	山东	安徽	河南	广东	山西	江苏	四川	湖北	浙江	上海	—
1987年	广东	山东	江苏	上海	黑龙江	山西	吉林	四川	河北	福建	—
1988年	广东	山东	上海	黑龙江	江苏	湖北	山西	浙江	四川	河南	—
1989年	广东	山东	山西	上海	四川	浙江	黑龙江	辽宁	天津	江苏	—
1990年	广东	四川	山西	山东	黑龙江	河北	上海	浙江	辽宁	天津	江苏第11位
1991年	广东	四川	上海	江苏	山西	山东	辽宁	黑龙江	河北	河南	—
1992年	广东	四川	江苏	辽宁	湖北	河北	黑龙江	山西	上海	山东	—
1993年	广东	四川	山东	江苏	内蒙古	河北	山西	黑龙江	湖北	辽宁	—
1994年	广东	四川	山东	内蒙古	上海	湖南	河北	辽宁	福建	江苏	—
1995年	广东	四川	山东	河北	湖北	江苏	河南	北京	内蒙古	湖南	—
1996年	四川	山东	广东	河北	浙江	江苏	内蒙古	湖北	辽宁	河南	—
1997年	四川	广东	山东	江苏	辽宁	浙江	湖北	河北	黑龙江	内蒙古	—
1998年	浙江	广东	四川	江苏	河北	山西	山东	湖北	辽宁	福建	—
1999年	浙江	广东	四川	山东	河北	山西	江苏	安徽	辽宁	河南	—
2000年	浙江	广东	山东	山西	江苏	河北	河南	四川	安徽	云南	—
2001年	—	—	—	—	—	—	—	—	—	—	
2002年	广东	江苏	浙江	山东	贵州	内蒙古	上海	四川	湖南	云南	
2003年	—	—	—	—	—	—	—	—	—	—	
2004年	江苏	广东	浙江	内蒙古	湖北	四川	贵州	福建	山西	河南	
2005年	江苏	浙江	广东	内蒙古	四川	山东	福建	湖北	贵州	云南	
2006年	江苏	四川	广东	内蒙古	浙江	山东	云南	湖北	福建	贵州	
2007年	四川	浙江	广东	江苏	内蒙古	安徽	云南	河北	湖北	河南	
2008年	广东	江苏	内蒙古	四川	辽宁	浙江	河北	河南	福建	湖北	
2009年	广东	四川	内蒙古	江苏	辽宁	浙江	云南	山东	湖北	上海	
2010年	广东	四川	内蒙古	江苏	浙江	辽宁	山东	甘肃	福建	云南	
2011年	四川	广东	江苏	浙江	云南	山东	辽宁	内蒙古	福建	山西	

附表17　1978—2011年广东发电装机结构

年份	总装机 （万kW）	水电 （万kW）	水电占比	火电 （万kW）	火电占比	核电 （万kW）	风电 （万kW）
1978年	259	156	60.2%	103	39.8%	—	—
1979年	276	172	62.3%	104	37.7%	—	—
1980年	303	186	61.4%	118	38.9%	—	—
1981年	334	202	60.5%	132	39.5%	—	—
1982年	357	219	61.3%	138	38.7%	—	—
1983年	369	230	62.3%	139	37.7%	—	—
1984年	380	240	63.2%	140	36.8%	—	—
1985年	419	253	60.4%	166	39.6%	—	—
1986年	465	260	55.9%	205	44.1%	—	—
1987年	591	274	46.4%	317	53.6%	—	—
1988年	603	254	42.1%	349	57.9%	—	—
1989年	695	262	37.7%	433	62.3%	—	—
1990年	828	268	32.4%	560	67.6%	—	—
1991年	956	274	28.7%	682	71.3%	—	—
1992年	1083	285	26.3%	798	73.7%	—	—
1993年	1476	402	27.2%	1074	72.8%	—	—
1994年	1982	454	22.9%	1347	68.0%	180	—
1995年	2272	466	20.5%	1626	71.6%	180	—
1996年	2631	479	18.2%	1972	75.0%	180	1
1997年	2813	499	17.7%	2134	75.9%	180	1
1998年	2907	551	19.0%	2172	74.7%	180	4
1999年	3033	655	21.6%	2194	72.3%	180	4
2000年	3190	702	22.0%	2301	72.1%	180	7
2001年	3360	730	21.7%	2443	72.7%	180	7
2002年	3588	778	21.7%	2524	70.3%	279	8
2003年	3920	811	20.7%	2723	69.5%	378	8
2004年	4262	858	20.1%	3017	70.8%	378	8
2005年	4808	904	18.8%	3518	73.2%	378	8
2006年	5390	932	17.3%	4062	75.4%	378	18
2007年	5886	1011	17.2%	4471	76.0%	378	25
2008年	6008	1028	17.1%	4573	76.1%	395	29
2009年	6407	1126	17.6%	4830	75.4%	395	56
2010年	7113	1260	17.7%	5287	74.3%	503	62
2011年	7624	1302	17.1%	5635	73.9%	612	74

附表18　1978—2011年全国及广东、江苏全口径发电量及发电量/用电量差

年份	全国发电量 (亿kW·h)	广东			江苏		
		发电量 (亿kW·h)	发/用电量差 (亿kW·h)	差值占比	发电量 (亿kW·h)	发/用电量差 (亿kW·h)	差值占比
1978年	2566	96	14	17.1%	126	−20	−13.7%
1979年	2820	106	−2	−1.9%	147	−19	−11.4%
1980年	3006	113	8	7.6%	161	−26	−13.9%
1981年	3093	122	11	9.9%	170	−33	−16.3%
1982年	3277	136	9	7.1%	180	−34	−15.9%
1983年	3514	153	7	4.8%	185	−45	−19.6%
1984年	3770	155	2	1.3%	210	−39	−15.7%
1985年	4107	175	7	4.2%	235	−34	−12.6%
1986年	4496	190	0	0.0%	264	−34	−11.4%
1987年	4973	230	−1	−0.4%	301	−36	−10.7%
1988年	5451	268	0	0.0%	345	−17	−4.7%
1989年	5847	298	0	0.0%	366	−8	−2.1%
1990年	6213	344	3	0.9%	405	−2	−0.5%
1991年	6775	395	−11	−2.7%	441	−8	−1.8%
1992年	7542	459	−26	−5.4%	481	−28	−5.5%
1993年	8364	573	−18	−3.0%	537	−26	−4.6%
1994年	9279	771	80	11.6%	632	−5	−0.8%
1995年	10070	821	33	4.2%	707	8	1.1%
1996年	10794	909	51	5.9%	757	14	1.9%
1997年	11342	981	62	6.7%	777	3	0.4%
1998年	11577	1039	51	5.2%	781	−4	−0.5%
1999年	12331	1140	54	5.0%	846	−1	−0.1%
2000年	13685	1354	19	1.4%	973	2	0.2%
2001年	14839	1433	−25	−1.7%	1041	−37	−3.4%
2002年	16542	1611	−77	−4.6%	1169	−76	−6.1%
2003年	19052	1896	−135	−6.6%	1337	−168	−11.2%
2004年	21944	2121	−266	−11.1%	1639	−181	−9.9%
2005年	24975	2279	−395	−14.8%	2120	−73	−3.3%
2006年	28499	2472	−532	−17.7%	2536	−34	−1.3%
2007年	32644	2695	−699	−20.6%	2825	−127	−4.3%
2008年	34510	2682	−825	−23.5%	2887	−231	−7.4%
2009年	36812	2666	−944	−26.1%	2984	−330	−10.0%
2010年	42278	3146	−914	−22.5%	3499	−365	−9.4%
2011年	47306	3696	−703	−16.0%	3933	−349	−8.2%

附表19 1993—2011年广东接受西电东送电量及占全社会用电量之比

年份	西电东送电量（亿kW·h）	占用电量比		西电东送电量（亿kW·h）	占用电量比
1993年	15.47	2.6%	2003年	212.92	10.5%
1994年	29.03	4.2%	2004年	355.06	14.9%
1995年	30.04	3.8%	2005年	467.57	17.5%
1996年	23.95	2.8%	2006年	609.42	20.3%
1997年	13.05	1.4%	2007年	786.77	23.2%
1998年	23.14	2.3%	2008年	927.14	26.4%
1999年	40.13	3.7%	2009年	1044.11	28.9%
2000年	73.60	5.5%	2010年	1027.61	25.3%
2001年	115.04	7.9%	2011年	897.29	20.4%
2002年	159.70	9.5%			

附表20 2002—2011年全国及广东、江苏35kV及以上线路长度及变电设备容量

年份	线路长度（km）			变电设备容量（万kV·A）		
	全国	广东	江苏	全国	广东	江苏
2002年	787029	39038	41725	124456	12428	10485
2003年	857678	41732	44359	138834	14540	12086
2004年	873524	45280	47942	157268	16899	14667
2005年	946789	47824	51314	181677	19860	16913
2006年	996780	50583	53785	210260	22331	19077
2007年	1077167	52444	55161	242443	24795	21346
2008年	1117419	54504	59275	279861	27132	25605
2009年	1171661	57825	61989	324771	32332	30145
2010年	1261458	62501	59194	361742	38006	33706
2011年	1328061	66439	60521	397811	39672	37237

附表21 2002—2011年全国及广东、江苏110kV及以上当年新增线路长度及变电设备容量

年份	线路长度（km）			变电设备容量（万kV·A）		
	全国	广东	江苏	全国	广东	江苏
2002年	17798	1536	2361	5872	1193	1018
2003年	—	—	—	—	—	—
2004年	41158	3908	4808	15011	1983	1885
2005年	36123	2680	5188	15902	2486	1863

（续表）

年份	线路长度（km）			变电设备容量（万kV·A）		
	全国	广东	江苏	全国	广东	江苏
2006年	51781	3345	3943	20196	2275	1422
2007年	62030	2570	4778	24994	2135	1745
2008年	67592	3019	6627	31878	2194	3550
2009年	69217	5718	5869	57105	4849	3841
2010年	76574	6352	5210	35335	5548	4061
2011年	66903	4305	6291	30593	1603	3828
累计	489176	33433		236886	24266	

附表22　2005—2011年全国及广东、江苏用电结构

2005年	全国		广东		江苏	
	用电量（亿kW·h）	占比	用电量（亿kW·h）	占比	用电量（亿kW·h）	占比
全社会	24781	100.0%	2674	100.0%	2193	100.0%
一产	756	3.0%	65	2.4%	29	1.3%
二产	18676	75.4%	1883	70.4%	1793	81.8%
三产	2524	10.2%	397	14.8%	170	7.8%
居民	2825	11.4%	329	12.3%	201	9.2%
重工业	14745	59.5%	1164	43.6%	1251	57.0%
四大高耗能	7561	30.5%	313	11.7%	597	27.2%
化工	2126	8.6%	44	1.7%	210	9.6%
建材	1417	5.7%	180	6.7%	119	5.4%
钢铁	2547	10.3%	60	2.3%	225	10.3%
有色	1471	5.9%	28	1.1%	43	2.0%

2006年	全国		广东		江苏	
	用电量（亿kW·h）	占比	用电量（亿kW·h）	占比	用电量（亿kW·h）	占比
全社会	28368	100.0%	3004	100.0%	2570	100.0%
一产	832	2.9%	69	2.3%	25	1.0%
二产	21474	75.7%	2121	70.6%	2111	82.1%
三产	2822	9.9%	448	14.9%	200	7.8%
居民	3240	11.4%	366	12.2%	234	9.1%
重工业	17104	60.3%	1350	44.9%	1511	58.8%
四大高耗能	8899	31.4%	364	12.1%	703	27.4%
化工	2398	8.5%	55	1.8%	242	9.4%
建材	1635	5.8%	197	6.6%	133	5.2%

（续表）

2006年	全国		广东		江苏	
	用电量（亿kW·h）	占比	用电量（亿kW·h）	占比	用电量（亿kW·h）	占比
钢铁	3038	10.7%	74	2.5%	280	10.9%
有色	1828	6.4%	39	1.3%	48	1.9%

2007年	全国		广东		江苏	
	用电量（亿kW·h）	占比	用电量（亿kW·h）	占比	用电量（亿kW·h）	占比
全社会	32565	100.0%	3394	100.0%	2952	100.0%
一产	863	2.7%	74	2.2%	24	0.8%
二产	24909	76.5%	2408	70.9%	2439	82.6%
三产	3185	9.8%	500	14.7%	233	7.9%
居民	3608	11.1%	413	12.2%	255	8.6%
重工业	20130	61.8%	1556	45.8%	1804	61.1%
四大高耗能	10721	32.9%	420	12.4%	818	27.7%
化工	2726	8.4%	66	1.9%	276	9.3%
建材	1869	5.7%	223	6.6%	146	4.9%
钢铁	3716	11.4%	85	2.5%	337	11.4%
有色	2410	7.4%	46	1.4%	59	2.0%

2008年	全国		广东		江苏	
	用电量（亿kW·h）	占比	用电量（亿kW·h）	占比	用电量（亿kW·h）	占比
全社会	34380	100.0%	3507	100.0%	3118	100.0%
一产	879	2.6%	74	2.1%	23	0.7%
二产	25920	75.4%	2446	69.7%	2530	81.1%
三产	3498	10.2%	526	15.0%	270	8.7%
居民	4082	11.9%	460	13.1%	296	9.5%
重工业	21006	61.1%	1577	45.0%	1890	60.6%
四大高耗能	11091	32.3%	420	12.0%	833	26.7%
化工	2768	8.1%	68	1.9%	283	9.1%
建材	1961	5.7%	217	6.2%	151	4.8%
钢铁	3793	11.0%	89	2.5%	342	11.0%
有色	2568	7.5%	46	1.3%	57	1.8%

2009年	全国		广东		江苏	
	用电量（亿kW·h）	占比	用电量（亿kW·h）	占比	用电量（亿kW·h）	占比
全社会	36595	100.0%	3610	100.0%	3314	100.0%
一产	940	2.6%	67	1.9%	25	0.8%
二产	27136	74.2%	2438	67.5%	2660	80.3%

（续表）

2009年	全国		广东		江苏	
	用电量（亿kW·h）	占比	用电量（亿kW·h）	占比	用电量（亿kW·h）	占比
三产	3944	10.8%	587	16.3%	304	9.2%
居民	4575	12.5%	517	14.3%	324	9.8%
重工业	22119	60.4%	1577	43.7%	1991	60.1%
四大高耗能	11572	31.6%	413	11.4%	846	25.5%
化工	2800	7.7%	69	1.9%	287	8.7%
建材	2126	5.8%	209	5.8%	154	4.6%
钢铁	4070	11.1%	85	2.4%	343	10.4%
有色	2576	7.0%	51	1.4%	61	1.8%

2010年	全国		广东		江苏	
	用电量（亿kW·h）	占比	用电量（亿kW·h）	占比	用电量（亿kW·h）	占比
全社会	41999	100.0%	4060	100.0%	3864	100.0%
一产	976	2.3%	65	1.6%	28	0.7%
二产	31450	74.9%	2824	69.6%	3085	79.8%
三产	4478	10.7%	619	15.2%	361	9.3%
居民	5094	12.1%	552	13.6%	390	10.1%
重工业	25631	61.0%	1709	42.1%	2326	60.2%
四大高耗能	13454	32.0%	489	12.0%	944	24.4%
化工	3078	7.3%	75	1.8%	311	8.0%
建材	2498	5.9%	243	6.0%	173	4.5%
钢铁	4708	11.2%	101	2.5%	388	10.0%
有色	3169	7.5%	71	1.7%	72	1.9%

2011年	全国		广东		江苏	
	用电量（亿kW·h）	占比	用电量（亿kW·h）	占比	用电量（亿kW·h）	占比
全社会	47026	100.0%	4399	100.0%	4282	100.0%
一产	1013	2.2%	75	1.7%	33	0.8%
二产	35288	75.0%	3012	68.5%	3425	80.0%
三产	5105	10.9%	689	15.7%	416	9.7%
居民	5620	12.0%	623	14.2%	408	9.5%
重工业	28885	61.4%	1844	41.9%	2589	60.5%
四大高耗能	15275	32.5%	536	12.2%	1012	23.6%
化工	3463	7.4%	79	1.8%	328	7.7%
建材	2938	6.2%	270	6.1%	190	4.4%
钢铁	5312	11.3%	112	2.5%	425	9.9%
有色	3562	7.6%	75	1.7%	69	1.6%

附表23　1993—2011年全国及广东、江苏人均用电水平

单位：kW·h/人

年份	人均用电量			人均生活用电量		
	全国	广东	江苏	全国	广东	江苏
1993年	589	899	808	62	115	65
1994年	642	1033	907	73	141	89
1995年	694	1149	989	82	163	109
1996年	737	1231	1045	93	178	118
1997年	763	1303	1083	101	189	129
1998年	773	1383	1094	111	229	138
1999年	815	1494	1175	117	245	146
2000年	915	1544	1306	132	239	169
2001年	995	1873	1466	145	—	—
2002年	1096	2148	1687	156	—	—
2003年	1206	2553	2032	174	—	—
2004年	1437	2875	2449	190	—	—
2005年	1632	2908	2934	217	358	269
2006年	1889	3229	3404	247	393	310
2007年	2180	3592	3872	273	437	335
2008年	2240	3674	4062	307	482	385
2009年	2742	3745	4290	343	537	419
2010年	3135	3893	4913	380	529	495
2011年	3490	4188	5420	417	593	516

附表24　1996—2011年佛山国内生产总值及在全国城市排名

年份	GDP（亿元）	全国城市排名	年份	GDP（亿元）	全国城市排名
1996年	637	19	2004年	1918	17
1997年	724	19	2005年	2383	14
1998年	782	20	2006年	2928	12
1999年	833	20	2007年	3605	12
2000年	1050	18	2008年	4378	12
2001年	1189	18	2009年	4821	12
2002年	1328	18	2010年	5651	12
2003年	1381	20	2011年	6580	14

附表25　2001—2011年佛山、苏州地区发电量/用电量情况

年份	佛山				苏州		
	发电量 (亿kW·h)	用电量 (亿kW·h)	供电量 (亿kW·h)	发电量/ 用电量	发电量 (亿kW·h)	用电量 (亿kW·h)	发电量/ 用电量
2001年	101	190	182	55.5%	—	—	—
2002年	108	216	209	51.7%	—	—	—
2003年	116	256	249	46.6%	—	—	—
2004年	125	292	285	43.9%	—	—	—
2005年	121	316	308	39.3%	—	—	—
2006年	103	355	348	29.6%	143	686	20.8%
2007年	92	398	391	23.5%	156	807	19.3%
2008年	73	396	391	18.7%	138	848	16.2%
2009年	83	417	412	20.1%	154	880	17.5%
2010年	119	463	459	25.9%	145	1024	14.2%
2011年	144	486	482	29.9%	161	1132	14.2%

附表26　2011年底佛山地区各发电厂情况明细

电厂名称	类型	厂址	装机容量 (万kW)	容量构成	并网电压	调度 关系	投产时间
恒益电厂上大压小	煤电	三水	120	2×60	220kV	省调	2011
南海（新田）电厂一期	煤电	南海	40	2×20	220kV	省调	1996-11-1
南海（新田）电厂二期	煤电	南海	60	2×30	220kV	省调	2009-1-1
顺德德胜电厂	煤电	顺德	60	2×30	220kV	省调	2008-8-1
长海电厂	煤电	南海	5	1×5	110kV	省调	1996-1-1
南海糖厂（江南电厂）	煤电	南海	10	4×2.5	110kV	省调	1992-2-1
佛山福能（沙口）电厂	气电	禅城	36	2×18	220kV	省调	2004-6-1
环保电厂	其他	南海	5.5	1×1.5+2×2	110kV	地调	2002-9-1
顺能电厂	其他	顺德	1.2	1×1.2	110kV	地调	2004-8-1
溢达电厂	余热	高明	3	2×1.5	110kV	自备	2004-5-1
金丰电厂	余热	顺德	3.6	3×1.2	10kV	自备	2003-1-1
佳顺电厂	余热	南海	1.8	3×0.6	10kV	自备	2003-9-1
大水坑水电站	小水电	高明	0.1	1×0.1	10kV	—	1975-1-1

附表27 1978—2011年佛山地区发电量

年份	当年发电量（亿kW·h）	年份	当年发电量（亿kW·h）
1978年	1.1	1995年	42.5
1979年	1.0	1996年	47.9
1980年	0.8	1997年	61.1
1981年	1.0	1998年	71.8
1982年	0.9	1999年	80.3
1983年	0.9	2000年	88.6
1984年	1.0	2001年	101.0
1985年	1.7	2002年	108.0
1986年	4.8	2003年	116.0
1987年	6.1	2004年	125.0
1988年	7.2	2005年	121.0
1989年	12.6	2006年	103.0
1990年	15.3	2007年	92.0
1991年	17.5	2008年	73.0
1992年	20.6	2009年	83.0
1993年	31.9	2010年	119.0
1994年	45.4	2011年	144.0

附表28 2002—2011年佛山地区电网建设投资及分类

年份	分电压等级投资（亿元）				投资合计（亿元）	10kV及以下占比	10kV及以下	
	500kV	220kV	110kV	10kV及以下			线路长度（km）	变电容量（kV·A）
2002年	1.2	2.6	2.7	4.2	10.6	40%	5862	386
2003年	5.8	4.8	2.7	13.3	26.6	50%	1921	277
2004年	2.8	4.2	3.0	5.8	15.8	37%	645	160
2005年	2.3	4.7	4.6	5.0	16.5	30%	1059	265
2006年	7.1	3.0	4.4	3.9	18.4	21%	741	162
2007年	1.3	2.9	5.7	6.1	16.0	38%	733	261
2008年	2.1	4.1	4.2	6.2	16.6	37%	605	262
2009年	4.7	8.5	9.4	13.0	35.5	37%	1393	513
2010年	2.3	6.2	7.4	12.7	28.6	44%	1920	719

（续表）

年份	分电压等级投资（亿元）				投资合计（亿元）	10kV及以下占比	10kV及以下	
	500kV	220kV	110kV	10kV及以下			线路长度（km）	变电容量（kV·A）
2011年	1.0	6.3	1.6	12.6	21.4	59%	2651	453
2012年	2.2	1.7	3.9	14.4	22.2	65%	1462	247

附表29　2002—2011年佛山地区电网建设投资比重

年份	佛山			全国		
	电网投资（亿元）	固定资产投资（亿元）	电网投资占比	电网投资（亿元）	固定资产投资（亿元）	电网投资占比
2002年	10.6	290	3.7%	—		
2003年	26.6	424	6.3%	1014	55567	1.8%
2004年	15.8	565	2.8%	1237	70477	1.8%
2005年	16.5	756	2.2%	1656	88774	1.9%
2006年	18.4	910	2.0%	2092	109998	1.9%
2007年	16.0	1090	1.5%	2450	137324	1.8%
2008年	16.6	1259	1.3%	2895	172291	1.7%
2009年	35.5	1471	2.4%	3898	224846	1.7%
2010年	28.6	1719	1.7%	3448	278140	1.2%
2011年	21.4	1334	1.6%	3687	311022	1.2%
累计	206	9818	2.1%	22377	1448439	1.5%

附表30　2005—2011年佛山地区电力消费强度

年份	人均用电量（kW·h/人）	单位GDP电耗（kW·h/元）	单位一产产值电耗（kW·h/元）	单位二产产值电耗（kW·h/元）	单位三产产值电耗（kW·h/元）
2005年	5075.64	0.1321	0.0726	0.1766	0.0358
2006年	5507	0.1199	0.0729	0.1531	0.0376
2007年	5966.67	0.1089	0.0762	0.1358	0.0352
2008年	5797.29	0.0907	0.076	0.1083	0.0309
2009年	5924.99	0.0859	0.0796	0.1051	0.0282
2010年	6437.04	0.0819	0.0786	0.0977	0.027
2011年	6553.19	0.0734	0.0776	0.0855	0.0259

附表31　2006—2011年佛山/苏州地区用电结构

2006年	佛山			2006年	苏州		
	电量 (亿kW·h)	占比	增速		电量 (亿kW·h)	占比	增速
全社会用电量	352	—	—	全社会用电量	686	—	—
一产	6	1.7%	—	一产	3	0.4%	—
二产	282	80.1%	—	二产	595	86.7%	—
三产	38	10.8%	—	三产	46	6.7%	—
居民	29	8.2%	—	居民	43	6.3%	—

2007年	佛山			2007年	苏州		
	电量 (亿kW·h)	占比	增速		电量 (亿kW·h)	占比	增速
全社会用电量	398.3	—	13.2%	全社会用电量	807	—	17.6%
一产	6.3	1.6%	5.0%	一产	3	0.4%	0.0%
二产	316.2	79.4%	12.1%	二产	702	87.0%	18.0%
三产	42.0	10.5%	10.5%	三产	54	6.7%	17.4%
居民	33.8	8.5%	16.6%	居民	49	6.1%	14.0%

2008年	佛山			2008年	苏州		
	电量 (亿kW·h)	占比	增速		电量 (亿kW·h)	占比	增速
全社会用电量	396.0	—	-0.6%	全社会用电量	848	—	5.1%
一产	6.7	1.7%	7.2%	一产	3	0.4%	0.0%
二产	308.7	78.0%	-2.4%	二产	726	85.6%	3.4%
三产	43.0	10.9%	2.3%	三产	63	7.4%	16.7%
居民	37.6	9.5%	11.2%	居民	57	6.7%	16.3%

2009年	佛山			2009年	苏州		
	电量 (亿kW·h)	占比	增速		电量 (亿kW·h)	占比	增速
全社会用电量	416.8	—	5.3%	全社会用电量	880	—	3.8%
一产	7.6	1.8%	13.4%	一产	3	0.3%	0.0%
二产	318.2	76.3%	3.1%	二产	746	84.8%	2.8%
三产	47.7	11.4%	10.9%	三产	71	8.1%	12.7%
居民	43.2	10.4%	15.0%	居民	60	6.8%	5.3%

(续表)

2010年	佛山			2010年	苏州		
	电量(亿kW·h)	占比	增速		电量(亿kW·h)	占比	增速
全社会用电量	463.1	—	11.1%	全社会用电量	1024	—	16.4%
一产	8.2	1.8%	7.8%	一产	3	0.3%	0.0%
二产	357.1	77.1%	12.2%	二产	863	84.3%	15.7%
三产	51.1	11.0%	7.2%	三产	85	8.3%	19.7%
居民	46.7	10.1%	8.0%	居民	73	7.1%	21.7%
2011年	佛山			2011年	苏州		
	电量(亿kW·h)	占比	增速		电量(亿kW·h)	占比	增速
全社会用电量	485.6	—	4.9%	全社会用电量	1132	—	10.5%
一产	9.5	2.0%	15.3%	一产	3	0.3%	0.0%
二产	365.7	75.3%	2.4%	二产	956	84.5%	10.8%
三产	57.4	11.8%	12.3%	三产	96	8.5%	12.9%
居民	53.1	10.9%	13.7%	居民	77	6.8%	5.5%

附表32 2010年、2011年佛山市月度供电负荷、供电量及定基指数

月份	2010年			2011年			全国月度用电定基标准指数
	最大供电负荷（万kW）	月供电量（亿kW·h）	月度用电定基指数	最大供电负荷（万kW）	月供电量（亿kW·h）	月度用电定基指数	
1月	610	34.4	1	617	31.2	1	1
2月	500	16.7		611	22.3		
3月	641	37.1	1.452	730	40.2	1.500	1.084
4月	642	37.6	1.472	711	40.4	1.508	1.062
5月	722	40.9	1.601	749	43.3	1.616	1.104
6月	723	40	1.566	755	42.7	1.593	1.153
7月	732	45.9	1.796	795	49.3	1.840	1.279
8月	744	45.8	1.793	889	48.2	1.799	1.277
9月	771	43.1	1.687	744	45.1	1.683	1.172
10月	736	39.9	1.562	697	41.6	1.552	1.167
11月	647	38.5	1.507	712	38.6	1.440	1.178
12月	653	39.4	1.542	666	39.2	1.463	1.276

附表33　2011年佛山电网错峰用电情况

月份	错峰天数（天）	最大错峰负荷（万kW）	最大错峰负荷／最大供电负荷	错峰电量（亿kW·h）	错峰电量／月供电量
1月	11	12	1.9%	0.0432	0.1%
2月	8	39	6.4%	0.1064	0.5%
3月	25	39	5.3%	0.3110	0.8%
4月	13	28	3.9%	0.0919	0.2%
5月	6	35	4.7%	0.1056	0.2%
6月	24	75	9.9%	0.7168	1.7%
7月	19	105	13.2%	0.8722	1.8%
8月	29	140	15.7%	1.4236	3.0%
9月	29	120	16.1%	1.7848	4.0%
10月	19	55	7.9%	0.3208	0.8%
11月	12	35	4.9%	0.0680	0.2%
12月	19	30	4.5%	0.2504	0.6%
总计	213	140		6.0948	

附表34　1978—2004年佛山地区城市化发展情况

年份	非农业人口（万人）	年末总人口（万人）	城镇化率	人均GDP（元，当年价）
1978年	57.76	233.59	24.7%	559
1979年	60.59	235.24	25.8%	601
1980年	62.49	237.64	26.3%	709
1981年	64.37	240.86	26.7%	876
1982年	66.33	244.19	27.2%	1007
1983年	67.85	247.17	27.5%	1146
1984年	75.73	250.52	30.2%	1400
1985年	82.11	254.69	32.2%	1908
1986年	85.03	258.64	32.9%	2204
1987年	88	263.91	33.3%	2645
1988年	90.81	268.52	33.8%	3790
1989年	94.62	273.51	34.6%	4108
1990年	97.51	279.4	34.9%	4946
1991年	101.27	284.42	35.6%	6320

（续表）

年份	非农业人口（万人）	年末总人口（万人）	城镇化率	人均GDP（元，当年价）
1992年	105.74	291.15	36.3%	8805
1993年	113.57	299.48	37.9%	11846
1994年	134.63	305.69	44.0%	14422
1995年	138.64	311.06	44.6%	17702
1996年	142.71	316.12	45.1%	20327
1997年	146.15	320.96	45.5%	22747
1998年	139.88	324.98	43.0%	24230
1999年	—	329	—	25490
2000年	—	332	—	28932
2001年	150	336	44.6%	31972
2002年	175	339	51.6%	34850
2003年①	344	344	—	40444

①从2003年开始，佛山地区人口全部统计为非农业人口。

附表35　1978—2011年佛山地区产业结构①

年份	国内生产总值		第一产业		第二产业		第三产业	
	产值（亿元）	增速	产值（亿元）	占比	产值（亿元）	占比	产值（亿元）	占比
1978年	13	—	4	31.2%	7	50.5%	2	18.4%
1979年	14	8.7%	4	31.3%	7	49.4%	3	19.3%
1980年	17	15.2%	5	29.3%	9	52.5%	3	18.2%
1981年	21	14.9%	6	26.7%	12	55.1%	4	18.2%
1982年	24	14.3%	6	25.3%	14	55.3%	5	19.4%
1983年	28	16.2%	7	26.5%	15	52.9%	6	20.6%
1984年	35	21.3%	8	23.6%	19	55.1%	7	21.3%
1985年	48	26.7%	10	21.4%	27	55.2%	11	23.5%
1986年	57	11.1%	11	20.3%	32	55.8%	14	24.0%
1987年	69	16.3%	12	16.8%	41	58.6%	17	24.6%
1988年	101	20.3%	17	16.8%	61	60.0%	23	23.1%
1989年	111	1.0%	19	16.9%	64	57.0%	29	26.0%
1990年	137	16.8%	20	14.6%	78	56.8%	39	28.6%
1991年	178	28.7%	22	12.3%	106	59.6%	50	28.1%

(续表)

年份	国内生产总值		第一产业		第二产业		第三产业	
	产值(亿元)	增速	产值(亿元)	占比	产值(亿元)	占比	产值(亿元)	占比
1992年	253	39.1%	25	9.8%	153	60.5%	75	29.7%
1993年	350	26.8%	32	9.2%	199	56.9%	119	33.9%
1994年	436	15.7%	40	9.3%	246	56.4%	150	34.3%
1995年	546	22.0%	49	8.9%	305	55.9%	192	35.2%
1996年	637	16.7%	60	9.4%	350	54.9%	228	35.7%
1997年	725	15.3%	63	8.7%	396	54.7%	266	36.7%
1998年	783	13.1%	63	8.1%	412	52.7%	307	39.2%
1999年	834	—	62	7.5%	436	52.3%	335	40.2%
2000年	957	11.2%	66	6.9%	506	52.8%	385	40.3%
2001年	1068	11.1%	69	6.4%	566	53.0%	434	40.6%
2002年	1176	11.8%	72	6.1%	626	53.2%	478	40.7%
2003年	1382	16.1%	77	5.6%	765	55.3%	540	39.1%
2004年	1654	16.3%	82	5.0%	959	58.0%	612	37.0%
2005年	2380	19.2%	83	3.5%	1438	60.4%	859	36.1%
2006年	2928	19.3%	76	2.6%	1842	62.9%	1010	34.5%
2007年	3605	19.2%	82	2.2%	2328	64.9%	1195	32.9%
2008年	4333	15.2%	95	2.2%	2843	65.6%	1395	32.2%
2009年	4821	13.5%	96	2%	3038	63%	1687	35%
2010年	5652	14.3%	105	1.9%	3542	62.7%	2004	35.4%
2011年	6210	11.4%	119	1.9%	3871	62.3%	2220	35.8%

①本表的产值数据为当年价。

附表36 2002—2011年中国四大高耗能产业及重工业用电量占比

年份	总用电量(亿kW·h)	重工业(亿kW·h)	重工业占比	钢铁(亿kW·h)	有色(亿kW·h)	化工(亿kW·h)	建材(亿kW·h)	四大高耗能产业(亿kW·h)	四大产业占比
2002年	16386	9244	56.41%	1324	855	1449	878	4506	27.50%
2003年	18891	10816	57.25%	1641	1072	1630	1031	5374	28.45%
2004年	21761	12702	58.37%	2064	1258	1849	1209	6380	29.32%
2005年	24781	14745	59.50%	2547	1471	2126	1417	7561	30.51%
2006年	28368	17104	60.29%	3038	1828	2398	1635	8899	31.37%
2007年	32565	20130	61.81%	3716	2410	2726	1869	10721	32.92%

（续表）

年份	总用电量(亿kW·h)	重工业(亿kW·h)	重工业占比	钢铁(亿kW·h)	有色(亿kW·h)	化工(亿kW·h)	建材(亿kW·h)	四大高耗能产业(亿kW·h)	四大产业占比
2008年	34380	21006	61.10%	3793	2568	2768	1961	11090	32.26%
2009年	36595	22119	60.44%	4070	2576	2800	2126	11572	31.62%
2010年	41999	25631	61.03%	4708	3169	3078	2498	13453	32.03%
2011年	47026	28885	61.42%	5312	3562	3463	2938	15275	32.48%

附表37　2002—2011年五大发电集团装机、电量发展情况

装机	华能(万kW)	大唐(万kW)	华电(万kW)	国电(万kW)	中电投(万kW)	五大合计(万kW)	全国总量(万kW)	五大占比
2002年	2677	2385	2554	2213	2238	12067	35657	33.84%
2003年	3166	2746	2864	2534	2302	13612	39141	34.78%
2004年	3357	3353	3079	2930	2439	15158	44239	34.26%
2005年	4321	4166	3881	3506	2946	18820	51718	36.39%
2006年	5718	5406	4849	4445	3550	23968	62370	38.43%
2007年	7158	6482	6015	6006	4300	29961	71822	41.72%
2008年	8586	8242	6908	7024	4571	35331	79273	44.57%
2009年	10438	10017	7551	8203	5883	42092	87410	48.15%
2010年	11343	10588	8817	9532	7073	47353	96641	49.00%
2011年	12538	11103	9410	10672	7680	51403	106253	48.38%
发电量	华能(亿kW·h)	大唐(亿kW·h)	华电(亿kW·h)	国电(亿kW·h)	中电投(亿kW·h)	五大合计(亿kW·h)	全国总量(亿kW·h)	五大占比
2006年	2820	2516	1945	2259	1725	11265	28499	39.53%
2007年	3270	3048	2563	2653	1879	13413	32644	41.09%
2008年	3720	3530	2871	2978	2051	15150	34510	43.90%
2009年	4201	3899	3029	3532	2516	17177	36812	46.66%
2010年	5376	4726	3595	4199	2940	20836	42278	49.28%
2011年	6046	5080	4181	4770	3260	23337	47306	49.33%

附表38　1978—2011年全国及广东、江苏发电机组利用小时数

单位：h

年份	平均小时数			火电小时数		
	全国	广东	江苏	全国	广东	江苏
1978年	5149	4324	6896	6018	5899	6942
1979年	5175	4683	7027	5956	6555	7068

(续表)

年份	平均小时数			火电小时数		
	全国	广东	江苏	全国	广东	江苏
1980年	5078	4416	6530	5775	6490	6556
1981年	4955	4335	5566	5511	5605	5592
1982年	5007	4652	5981	5542	5785	6011
1983年	5101	5016	6033	5513	5773	6059
1984年	5190	4753	6206	5748	6488	6234
1985年	5308	3714	6481	5893	6215	6507
1986年	5388	4436	6319	5974	5898	6345
1987年	5392	4142	6157	6011	5044	6173
1988年	5313	5182	5727	5907	5886	5740
1989年	5171	5452	5538	5716	6163	5549
1990年	5041	5027	5505	5413	5441	5515
1991年	5030	5179	5723	5451	5711	5736
1992年	5039	5068	5955	5462	5279	5968
1993年	5068	4871	5940	5455	5187	5950
1994年	5233	5537	5939	5574	5594	5939
1995年	5216	3989	5988	5454	4237	5988
1996年	5033	4372	5890	5418	4628	5890
1997年	4765	3612	5652	5114	3711	5652
1998年	4501	3715	5226	4811	3839	5226
1999年	4393	4088	4860	4719	4431	4860
2000年	4517	4394	5169	4848	4573	5169
2001年	4588	—	—	4900	—	—
2002年	4860	4815	5802	5272	4977	5812
2003年	5245	5296	6247	5767	5569	6263
2004年	5455	5503	6385	5991	5908	6402
2005年	5425	5421	6109	5865	5620	6118
2006年	5198	5121	5398	5612	5161	5373
2007年	5020	4925	5243	5316	4988	5199
2008年	4648	4826	4929	4885	4838	4915
2009年	4546	4788	5315	4865	4896	5411
2010年	4650	4869	5573	5031	5051	5647
2011年	4730	5265	5678	5305	5621	5785

附表39　佛山市内各地区电力需求分布

区划	指标	2007年	2008年	2009年	2010年	2011年
全市	总供电量 (亿kW·h)	391.14	390.51	412.00	459.32	482.18
	供电最高负荷 (万kW)	640	643	717	771	889
禅城区	网供电量 (亿kW·h)	77.79	72.39	72.30	74.28	74.18
	供电最高负荷 (万kW)	135	119	127	125	139
南海区	网供电量 (亿kW·h)	143.40	146.99	154.99	170.24	177.89
	供电最高负荷 (万kW)	232	251	268	289	310
顺德区	网供电量 (亿kW·h)	105.10	107.26	114.41	131.03	138.19
	供电最高负荷 (万kW)	194	181	210	243	270
三水区	网供电量 (亿kW·h)	36.48	37.39	41.37	50.36	55.27
	供电最高负荷 (万kW)	458	564	650	772	952
高明区	网供电量 (亿kW·h)	22.76	23.39	25.74	29.84	32.82
	供电最高负荷 (万kW)	408	419	440	509	636

附表40　2008—2011年广东、江苏及上海、北京供电可靠性对比

年份	指标	上海	北京	广东	江苏	广东名次
2011年	供电可靠率	99.9832%	99.9813%	99.9761%	99.9526%	
	户均停电时间 (h/户)	1.47	1.64	2.09	4.16	第3
2010年	供电可靠率	99.98%	99.98%	99.95%	99.95%	
	户均停电时间 (h/户)	1.65	1.93	4.64	4.71	第7
2009年	供电可靠率	99.981%	99.980%	99.912%	99.939%	
	户均停电时间 (h/户)	1.702	1.718	7.699	5.374	第10
2008年	供电可靠率	99.978%	99.954%	99.887%	99.929%	
	户均停电时间 (h/户)	1.916	4.057	9.964	6.273	第11

附表41　1991—2011年全国及广东核电装机与发电量

年份	广东		全国		广东		全国	
	装机 (万kW)	占比	装机 (万kW)	占比	电量 (亿kW·h)	占比	电量 (亿kW·h)	占比
1991年	—	—	30	0.2%	—	—	0.08	—
1992年	—	—	30	0.2%	—	—	5.23	—
1993年	—	—	30	0.2%	—	—	17.4	0.2%
1994年	180	9.08%	210	1.1%	123	16.0%	140	1.5%
1995年	180	7.92%	210	1.0%	106	12.9%	128	1.3%
1996年	180	6.84%	210	0.9%	121	13.3%	143	1.3%
1997年	180	6.40%	210	0.8%	124	12.6%	144	1.3%
1998年	180	6.19%	210	0.8%	130	12.5%	141	1.2%
1999年	180	5.93%	210	0.7%	142	12.5%	148	1.2%
2000年	180	5.64%	210	0.7%	148	10.9%	167	1 2%
2001年	180	5.36%	210	0.6%	—	—	175	1.2%
2002年	279	7.78%	446.8	1.3%	209	13.0%	265	1.6%
2003年	378	9.64%	618.6	1.6%	289	15.2%	439	2.3%
2004年	378	8.87%	683.6	1.5%	285	13.4%	505	2.3%
2005年	378	7.86%	684.6	1.3%	305	13.4%	531	2.1%
2006年	378	7.01%	684.6	1.1%	312	12.6%	548	1.9%
2007年	378	6.42%	885.0	1.2%	302	11.2%	629	1.9%
2008年	395	6.57%	908	1.1%	313	11.7%	692	2.0%
2009年	395	6.17%	908	1.0%	318	11.9%	701	1.9%
2010年	503	7.07%	1082	1.1%	334	11.6%	747	1.8%
2011年	612	8.03%	1257	1.2%	425	11.5%	872	1.8%

附表42　2002—2012年秦皇岛5500大卡动力煤平仓价

单位：元/吨

时间	价格	时间	价格	时间	价格
2002年1月	281	2006年1月	—	2010年1月	795
2002年2月	286	2006年2月	425	2010年2月	753
2002年3月	279	2006年3月	425	2010年3月	676
2002年4月	275	2006年4月	418	2010年4月	684
2002年5月	271	2006年5月	410	2010年5月	745
2002年6月	268	2006年6月	410	2010年6月	750
2002年7月	268	2006年7月	412	2010年7月	748
2002年8月	269	2006年8月	417	2010年8月	725
2002年9月	271	2006年9月	420	2010年9月	714

(续表)

时间	价格	时间	价格	时间	价格
2002年10月	276	2006年10月	430	2010年10月	723
2002年11月	276	2006年11月	445	2010年11月	811
2002年12月	277	2006年12月	455	2010年12月	800
2003年1月	259	2007年1月	463	2011年1月	788
2003年2月	258	2007年2月	463	2011年2月	780
2003年3月	263	2007年3月	453	2011年3月	773
2003年4月	260	2007年4月	440	2011年4月	803
2003年5月	260	2007年5月	440	2011年5月	828
2003年6月	259	2007年6月	443	2011年6月	843
2003年7月	258	2007年7月	453	2011年7月	840
2003年8月	258	2007年8月	462	2011年8月	828
2003年9月	258	2007年9月	470	2011年9月	831
2003年10月	258	2007年10月	485	2011年10月	857
2003年11月	267	2007年11月	493	2011年11月	851
2003年12月	271	2007年12月	508	2011年12月	822
2004年1月	280	2008年1月	585	2012年1月	790
2004年2月	280	2008年2月	600	2012年2月	773
2004年3月	280	2008年3月	590	2012年3月	775
2004年4月	305	2008年4月	595	2012年4月	785
2004年5月	320	2008年5月	680	2012年5月	780
2004年6月	320	2008年6月	890	2012年6月	739
2004年7月	320	2008年7月	860	2012年7月	645
2004年8月	320	2008年8月	860	2012年8月	630
2004年9月	320	2008年9月	860	2012年9月	634
2004年10月	330	2008年10月	840	2012年10月	638
2004年11月	420	2008年11月	570	2012年11月	637
2004年12月	423	2008年12月	580	2012年12月	629
2005年1月	435	2009年1月	590		
2005年2月	435	2009年2月	569		
2005年3月	425	2009年3月	550		
2005年4月	430	2009年4月	565		
2005年5月	435	2009年5月	578		
2005年6月	430	2009年6月	571		
2005年7月	424	2009年7月	560		
2005年8月	400	2009年8月	566		
2005年9月	405	2009年9月	566		
2005年10月	410	2009年10月	605		

（续表）

时间	价格	时间	价格	时间	价格
2005年11月	412	2009年11月	644		
2005年12月	412	2009年12月	730		

附表43　2003—2010年中国居民电价与平均销售电价

单位：元／kW·h

年份	平均居民电价	平均销售电价	电价差
2003年	0.444	0.438	0.006
2004年	0.447	0.458	−0.011
2005年	0.448	0.485	−0.037
2006年	0.460	0.499	−0.039
2007年	0.471	0.509	−0.038
2008年	0.469	0.523	−0.054
2009年	0.467	0.531	−0.064
2010年	0.475	0.571	−0.096

数据来源：电监会。其中，平均居民电价为含税到户价，平均销售电价含税但不含各类政府性基金与附加。

附表44　2003—2011年中国煤炭与火电行业利润总额

单位：亿元

年份	煤炭	火电	年份	煤炭	火电
2003年	140	458	2008年	2348	−267
2004年	350	455	2009年	2208	599
2005年	561	480	2010年	3447	437
2006年	691	666	2011年	4337	206
2007年	1022	719			

数据来源：中信证券《电力行业投资策略》。

附表45　1980—2012年佛山电网输变电设备汇总

年份	变电容量（万kV·A）				线路长度（km）			
	500kV	220kV	110kV	35kV	500kV	220kV	110kV	35kV
1980年	—	21	25	20	—	85	186	249
1985年	—	36	61	13	—	158	237	285

（续表）

年份	变电容量（万kV·A）				线路长度（km）			
	500kV	220kV	110kV	35kV	500kV	220kV	110kV	35kV
1986年	—	39	67	14	—	158	299	300
1987年	—	78	88	12	—	24	345	295
1988年	—	78	123	8.9	—	363	490	232
1989年	—	78	143	8.9	—	289	564	214
1990年	—	93	171	6.5	—	253	579	196
1991年	—	108	218	7.1	—	262	609	156
1992年	—	108	252	7.0	—	262	631	159
1993年	150	144	319	6.8	219	358	726	178
1994年	150	150	388	4.7	219	339	905	140
1995年	150	186	482	5.5	219	312	997	131
1996年	150	201	512	5.0	219	394	1080	131
1997年	150	216	563	4.3	219	404	1212	109
1998年	150	282	578	3.4	219	454	1460	179
1999年	225	285	641	2.8	219	474	1381	177
2000年	225	354	722	1.9	75	600	1384	177
2001年	225	390	748	1	75	600	1414	28
2002年	225	462	807	1	75	641	1464	28
2003年	225	558	867	1	96	695	1484	28
2004年	425	558	938	1	144	746	1574	28
2005年	425	666	1020	1	144	890	1765	28
2006年	425	762	1105	1	182	942	1800	28
2007年	625	861	1251	1	200	991	1881	28
2008年	700	963	1382	1	218	1046	1982	28
2009年	900	1164	1589	1	280	1190	2087	28
2010年	1000	1284	1791	1	343	1306	2166	28
2011年	1000	1368	1833	1	343	1389	2300	28
2012年	1000	1530	2038	1	352	1438	2365	28

附表46　2010年中国水/电/气/热组合业务典型企业

单位：亿元

电力+燃气		电力+水务		电+气+水		电力+供热	
企业	营收	企业	营收	企业	营收	企业	营收
浙能集团	470	广西水利	62	新奥股份	260	申能集团	253
粤电集团	430	河北建投	54	佛山公用	35	广州恒运	30

(续表)

电力+燃气		电力+水务		电+气+水		电力+供热	
企业	营收	企业	营收	企业	营收	企业	营收
江苏国信	398	涪陵水利	54	乐山股份	18	青岛泰能	29
津能投资	151	武汉凯迪	34	郴电国际	17	吉电股份	25
深能集团	131	广西桂东	20	明星股份	8	新疆天富	19
湖北能源	113			广安爱众	8	深圳南山	16
广州发展	100					沈阳金山	14
安徽能源	86					青岛热电	13
山西国电	50					宁波热电	9
青岛泰能	29					大连热电	7

附表47　2002—2009年世界主要国家电煤价格

单位：美元/吨

	2002年	2009年	国家	2002年	2009年
美国中部煤炭现货价格指数	33.20	68.08	法国	42.89	113.94
			德国	45.70	110.10
西北欧煤炭基准价格	31.65	70.66	日本	39.59	90.00
			美国	28.68	50.53
日本动力煤进口到岸价格	36.90	110.11	韩国	42.00	82.54
			英国	44.47	84.86
			意大利	56.00	102.90
	2002年	2008年	加拿大	19.17	31.00
OECD	30.74	61.66	墨西哥	33.70	51.11

数据来源：国际能源署（IEA）。

附表48　2002—2009年世界主要国家销售电价

单位：美元/ kW·h

国家（地区）	生活电价		工业电价	
	2002年	2009年	2002年	2009年
美国	0.085	0.115	0.048	0.068
日本	0.174	0.228	0.115	0.158
德国	0.136	0.323	0.049	0.130
法国	0.105	0.159	0.037	0.107
英国	0.105	0.206	0.052	0.135
意大利	0.156	0.284	0.113	0.276

（续表）

国家 （地区）	生活电价		工业电价	
	2002年	2009年	2002年	2009年
	2002年	2008年	2002年	2008年
OECD	0.100	0.199	0.060	0.133

数据来源：国际能源署（IEA）。

附表49　新中国成立以来中国电力管理体制沿革

	时间	主要管电部门
1	1949—1955年	成立燃料工业部，统一管理全国煤炭、石油、电力工业。
2	1955—1958年	撤销燃料工业部，分别成立电力部以及煤炭部、石油部。
3	1958—1979年	将水利部、电力部合并为水利电力部。
4	1979—1982年	撤销水利电力部，分别成立电力部、水利部。
5	1982—1988年	将水利部、电力部合并为水利电力部。
6	1988—1993年	撤销水利电力部以及煤炭、石油、核等部，成立能源部及水利部。
7	1993—1998年	撤销能源部，成立电力工业部、煤炭部。
8	1998—2002年	撤销电力工业部，将其行政管理职能移交国家经贸委。
9	2002—2008年	撤销国家经贸委，其原来承担的职能移交发改委、电监会（正部级）。
10	2008—2013年	设立国家能源局（副部级），为国家发改委管理的国家局。
11	2013年—	将电监会、能源局合并为新能源局（副部级），仍为国家发改委管理的国家局。

附表50　1958—2011年中国水电装机占比、增速及增量

年份	水电装机容量 （万kW）	水电装机 增长量 （亿kW·h）	水电装机 增长率	全国装机容量 （万kW）	水电占全国装机容量 的比重
1958年	122	20	19.6%	629	19.4%
1959年	162	40	32.8%	954	17.0%
1960年	194	32	19.8%	1192	16.3%
1961年	233	39	20.1%	1286	18.1%
1962年	238	5	2.1%	1304	18.3%
1963年	243	5	2.1%	1333	18.2%
1964年	268	25	10.3%	1406	19.1%
1965年	302	34	12.7%	1508	20.0%
1966年	364	62	20.5%	1702	21.4%
1967年	384	20	5.5%	1799	21.3%
1968年	439	55	14.3%	1916	22.9%

（续表）

年份	水电装机容量 （万kW）	水电装机 增长量 （亿kW·h）	水电装机 增长率	全国装机容量 （万kW）	水电占全国装机容量 的比重
1969年	505	66	15.0%	2104	24.0%
1970年	624	119	23.6%	2377	26.3%
1971年	780	156	25.0%	2628	29.7%
1972年	870	90	11.5%	2950	29.5%
1973年	1030	160	18.4%	3393	30.4%
1974年	1182	152	14.8%	3811	31.0%
1975年	1343	161	13.6%	4341	30.9%
1976年	1466	123	9.2%	4715	31.1%
1977年	1576	110	7.5%	5145	30.6%
1978年	1728	152	9.6%	5712	30.3%
1979年	1911	183	10.6%	6302	30.3%
1980年	2032	121	6.3%	6587	30.8%
1981年	2194	162	8.0%	6913	31.7%
1982年	2296	102	4.6%	7236	31.7%
1983年	2416	120	5.2%	7644	31.6%
1984年	2560	144	6.0%	8012	32.0%
1985年	2642	82	3.2%	8705	30.4%
1986年	2754	112	4.2%	9382	29.4%
1987年	3019	265	9.6%	10290	29.3%
1988年	3270	251	8.3%	11550	28.3%
1989年	3458	188	5.7%	12664	27.3%
1990年	3605	147	4.3%	13789	26.1%
1991年	3788	183	5.1%	15147	25.0%
1992年	4068	280	7.4%	16653	24.4%
1993年	4459	391	9.6%	18291	24.4%
1994年	4906	447	10.0%	19989	24.5%
1995年	5218	312	6.4%	21722	24.0%
1996年	5558	340	6.5%	23654	23.5%
1997年	5973	415	7.5%	25424	23.5%
1998年	6507	534	8.9%	27729	23.5%
1999年	7297	790	12.1%	29877	24.4%
2000年	7935	638	8.7%	31932	24.8%
2001年	8301	366	4.6%	33849	24.5%
2002年	8607	306	3.7%	35657	24.1%
2003年	9490	883	10.3%	39141	24.2%

(续表)

年份	水电装机容量 （万kW）	水电装机 增长量 （亿kW·h）	水电装机 增长率	全国装机容量 （万kW）	水电占全国装机容量 的比重
2004年	10524	1034	10.9%	44239	23.8%
2005年	11739	1215	11.5%	51718	22.7%
2006年	13029	1290	11.0%	62370	20.9%
2007年	14823	1794	13.8%	71822	20.6%
2008年	17260	2437	16.4%	79273	21.8%
2009年	19629	2369	13.7%	87410	22.5%
2010年	21606	1977	10.1%	96641	22.4%
2011年	23298	1692	7.8%	106253	21.9%

附表51　1978—2011年中国电力建设投资额

单位：亿元

年份	电力建设总投资	电网投资	电源投资
1978年	49.33	6.93	39.94
1979年	47.84	8.15	37.46
1980年	41.23	8.83	28.59
1981年	34.07	9.26	22.06
1982年	42.10	10.21	28.24
1983年	55.60	10.73	40.10
1984年	71.55	13.16	53.10
1985年	96.69	19.47	68.47
1986年	128.04	26.83	92.61
1987年	154.81	39.78	105.49
1988年	214.87	39.21	166.22
1989年	221.67	38.15	175.80
1990年	269.87	41.29	221.95
1991年	316.01	53.25	253.98
1992年	400.23	69.18	320.88
1993年	557.88	92.07	447.96
1994年	725.98	136.28	564.59
1995年	833.03	165.88	635.63
1996年	974.19	211.58	723.84
1997年	1339.43	307.02	978.08
1998年	1422.45	349.95	997.89
1999年	1153.70	300.98	787.47
2000年	953.66	260.08	642.38

(续表)

年份	电力建设总投资	电网投资	电源投资
2001年	1946	1236.19	651.54
2002年	1239	1506.48	747.43
2003年	2894	1014	1880
2004年	3285	1237	2048
2005年	4884	1656	3228
2006年	5288	2092	3195
2007年	5677	2450	3226
2008年	6302	2895	3407
2009年	7702	3898	3803
2010年	7417	3448	3969
2011年	7614	3687	3927

附表52 1980—2011年中国电力系统发/用设备比例

年份	用电设备容量 （万kW）	发电装机容量 （万kW）	用电设备容量/发电设备容量
1980年	15248	6587	2.31
1981年	16040	6913	2.32
1982年	17240	7236	2.38
1983年	18635	7644	2.44
1984年	19846	8012	2.48
1985年	21258	8705	2.44
1986年	23411	9382	2.50
1987年	26095	10290	2.54
1988年	28614	11550	2.48
1989年	30859	12664	2.44
1990年	34741	13789	2.52
1991年	36726	15177	2.42
1992年	39858	16683	2.39
1993年	42983	18321	2.35
1994年	46017	19990	2.30
1995年	49047	21772	2.26
1996年	52645	23654	2.23
1997年	55310	25424	2.18
1998年	59359	27729	2.14
1999年	64449	29877	2.16
2000年	72935	31932	2.28

（续表）

年份	用电设备容量 （万kW）	发电装机容量 （万kW）	用电设备容量/发电设备容量
2001年	83148	33849	2.46
2002年	95732	35657	2.68
2003年	100470	39141	2.57
2004年	135075	44239	3.05
2005年	161204	51718	3.12
2006年	189739	62370	3.04
2007年	223357	71822	3.11
2008年	247379	79253	3.12
2009年	276565	87407	3.16
2010年	307077	96219	3.18
2011年	351542	105576	3.31

附表53 "十一五"期间中国输/配电网增长速度

年份	交流线路长度同比增速		变电设备容量同比增速	
	输电750－220kV	配电110－35kV	输电750－220kV	配电110－35kV
2006年	12.9%	3.2%	19.2%	12.8%
2007年	14.7%	4.7%	22.4%	8.8%
2008年	9.3%	4.1%	20.0%	10.7%
2009年	7.0%	2.5%	15.9%	12.3%
2010年	12.5%	7.4%	16.0%	9.6%
比"十五"末期总增长	70.4%	23.8%	135.4%	67.2%

附表54 2012年中国发电市场结构

单位：万kW

	装机容量		装机容量
全口径发电装机容量	114676		
		三、地方主要电力集团（15家）	11171
一、五大发电集团	55080	广东省粤电集团有限公司	2675
中国华能集团公司	13508	浙江省能源集团有限公司	2245
中国大唐集团公司	11377	北京能源投资（集团）有限公司	1335
中国国电集团公司	12008	河北省建设投资公司	668
中国华电集团公司	10180	申能（集团）有限公司	667
中国电力投资集团公司	8007	安徽省能源集团公司	485

(续表)

	装机容量		装机容量
		湖北省能源集团有限公司	558
二、其他涉电央企（7家）	16533	深圳市能源集团有限公司	562
中国神华集团有限责任公司	6431	江苏国信	656
华润电力	2974	甘肃省电力投资集团公司	345
中国长江电力股份有限公司	2875	广州发展集团有限公司	247
国投电力公司	2203	宁夏发电集团公司	245
中国广东核电集团有限公司	1135	江西省投资集团公司	150
中国核工业集团	645	万家寨水利枢纽	150
新力能源开发有限公司	270	山西国际电力集团有限公司	183
		四、其他地方发电企业	31892

附表55 1976—2010年中国平均销售电价

单位：元/kW·h

年份	平均销售电价	年份	平均销售电价
1976年	0.0650	1994年	0.2095
1977年	0.0650	1995年	0.2242
1978年	0.0636	1996年	0.2568
1979年	0.0622	1997年	0.2849
1980年	0.0643	1998年	0.3018
1981年	0.0645	1999年	0.3061
1982年	0.0652	2000年	0.3217
1983年	0.0664	2001年	—
1984年	0.0682	2002年	0.390
1985年	0.0708	2003年	0.438
1986年	0.0753	2004年	0.458
1987年	0.0720	2005年	0.485
1988年	0.0860	2006年	0.499
1989年	0.1025	2007年	0.509
1990年	0.1167	2008年	0.523
1991年	0.1314	2009年	0.531
1992年	0.1473	2010年	0.571
1993年	0.1967		

附表56　1980—2011年中国电力装机增速及火电装机增速

年份	总装机容量 （万kW）	总装机容量增速	火电装机容量 （万kW）	火电装机容量增速
1980年	6587	4.52%	4555	3.73%
1981年	6913	4.95%	4720	3.62%
1982年	7236	4.67%	4940	4.66%
1983年	7644	5.64%	5228	5.83%
1984年	8012	4.81%	5452	4.28%
1985年	8705	8.65%	6064	11.23%
1986年	9382	7.78%	6628	9.30%
1987年	10290	9.68%	7271	9.70%
1988年	11550	12.24%	8082	11.15%
1989年	12664	9.65%	9206	13.91%
1990年	13789	8.88%	10184	10.62%
1991年	15177	10.07%	11359	11.54%
1992年	16683	9.92%	12585	10.79%
1993年	18321	9.82%	13832	9.91%
1994年	19990	9.11%	14874	7.53%
1995年	21772	8.91%	16294	9.55%
1996年	23654	8.64%	17886	9.77%
1997年	25424	7.48%	19241	7.58%
1998年	27729	9.07%	20988	9.08%
1999年	29877	7.75%	22343	6.46%
2000年	31932	6.88%	23754	6.32%
2001年	33849	6.00%	25314	6.57%
2002年	35657	5.34%	26555	4.90%
2003年	39141	9.77%	28977	9.12%
2004年	44239	13.02%	32948	13.70%
2005年	51718	16.91%	39138	18.79%
2006年	62370	20.60%	48382	23.62%
2007年	71822	15.15%	55607	14.93%
2008年	79253	10.35%	60286	8.41%
2009年	87407	10.29%	65108	8.00%
2010年	96219	10.08%	70967	9.00%
2011年	105576	9.72%	76834	8.27%

附表57　2001—2011年中国发电机组之平均单机容量

单位：万kW

年份	火电机组平均	水电机组平均
2001年	5.44	4.60
2002年	5.50	4.54
2003年	5.62	4.78
2004年	5.82	4.84
2005年	6.20	5.33
2006年	7.17	4.98
2007年	8.54	5.13
2008年	9.41	5.04
2009年	10.31	5.51
2010年	10.88	5.61
2011年	11.40	5.66

数据来源：中电联，统计范围6000kW及以上。

附表58　2006—2011年中国关停小电厂及新增装机容量

单位：万kW

	2006年	2007年	2008年	2009年	2010年	2011年
计划关停	400	1000	1300	1300	1000	—
实际关停	442	2336	1893	1813	1305	955
关停火电	368	2044	1851	1813	1305	955
次年新增装机	—	10424	10190	9202	8970	9124
次年新增火电	—	9207	8360	6555	6076	5831

附表59　2004—2011年中国电源投资结构

单位：亿元

年份	电源总投资	水电	火电	核电	风电	其他
2004年	2048	554	1437	40	13	4
2005年	3228	862	2269	32	45	20
2006年	3195	783	2230	93	64	25
2007年	3226	859	2005	164	171	27
2008年	3407	849	1679	329	527	23
2009年	3803	867	1544	585	782	25
2010年	3969	819	1426	648	1038	39
2011年	3712	940	1050	740	829	153

附表60　1978—2009年中国一次能源消费总量及电力所消耗量

单位：亿吨标准煤

年份	一次能源消费总量	电力消费的一次能源	年份	一次能源消费总量	电力消费的一次能源
1978年	5.71	1.19	1994年	12.27	3.85
1979年	5.86	1.27	1995年	13.12	4.18
1980年	6.03	1.33	1996年	13.89	4.42
1981年	5.95	1.36	1997年	13.78	4.70
1982年	6.21	1.43	1998年	13.22	4.77
1983年	6.6	1.51	1999年	13.38	4.93
1984年	7.09	1.62	2000年	13.86	5.39
1985年	7.67	1.76	2001年	14.32	5.86
1986年	8.09	1.92	2002年	15.18	6.46
1987年	8.66	2.13	2003年	17.5	7.30
1988年	9.3	2.32	2004年	20.32	8.36
1989年	9.69	2.46	2005年	22.47	9.30
1990年	9.87	2.62	2006年	24.63	10.62
1991年	10.38	2.87	2007年	26.56	11.72
1992年	10.92	3.17	2008年	28.5	11.67
1993年	11.6	3.47	2009年	31	12.70

附表61　2001—2011年中国电厂用煤占比

年份	全国煤炭消费量（亿吨标准煤）	电厂发电用煤（亿吨标准煤）	电厂供热用煤（亿吨标准煤）	电厂用煤占比
2001年	9.55	4.22	0.52	49.6%
2002年	10.06	4.73	0.56	52.6%
2003年	11.97	5.50	0.60	51.0%
2004年	13.82	6.25	0.67	50.1%
2005年	15.53	6.94	0.76	49.6%
2006年	17.09	7.93	0.92	51.8%
2007年	18.46	8.75	1.05	53.1%
2008年	19.58	8.69	1.00	49.5%
2009年	20.6	9.15	1.02	49.4%
2010年	23.0	10.20	1.12	49.2%
2011年	23.9	11.44	1.19	52.8%

附表62 1978—2011年全国固定资产投资及电力投资

年份	全国固定资产投资（亿元）	全国电力建设投资（亿元）	电力投资占比
1978年	—	49.33	—
1979年	—	47.84	—
1980年	911	41.23	4.50%
1981年	961	34.07	3.54%
1982年	1230	42.10	3.41%
1983年	1430	55.60	3.92%
1984年	1833	71.55	3.93%
1985年	2543	96.69	3.81%
1986年	3121	128.04	4.26%
1987年	3792	154.81	4.64%
1988年	4754	214.87	4.52%
1989年	4410	221.67	5.03%
1990年	4517	269.87	5.98%
1991年	5595	316.01	5.65%
1992年	8080	400.23	4.95%
1993年	13072	557.88	4.27%
1994年	17042	725.98	4.26%
1995年	20019	833.03	4.16%
1996年	22914	974.19	4.25%
1997年	24941	1339.43	5.37%
1998年	28406	1422.45	5.01%
1999年	29855	1153.70	3.87%
2000年	32918	953.66	2.90%
2001年	37214	1946	5.23%
2002年	23500	1239	5.28%
2003年	55567	2895	5.21%
2004年	70477	3285	4.66%
2005年	88774	4754	5.50%
2006年	109998	5288	4.81%
2007年	137324	5677	4.13%
2008年	172291	6302	3.66%
2009年	224846	7702	3.43%
2010年	278140	7417	2.67%
2011年	311022	7614	2.45%
1980年以来累计	1741497	64126	3.7%

附表63　1978—2011年中国水电装机、电量占比及小时数

年份	水力发电装机占比	水力发电电量占比	水力发电机组利用小时数（h）
1978年	30.3%	17.4%	2941
1979年	30.3%	17.8%	3112
1980年	30.8%	19.4%	3293
1981年	31.7%	21.2%	3520
1982年	31.7%	22.7%	3708
1983年	31.6%	24.6%	4104
1984年	32.0%	23.0%	3860
1985年	30.3%	22.5%	3853
1986年	29.4%	21.0%	3882
1987年	29.3%	20.1%	3771
1988年	28.3%	20.0%	3710
1989年	27.3%	20.3%	3691
1990年	26.1%	20.3%	3800
1991年	25.0%	18.4%	3675
1992年	24.4%	17.4%	3567
1993年	24.3%	18.0%	3730
1994年	24.5%	18.0%	3877
1995年	24.0%	18.6%	3857
1996年	23.5%	17.3%	3570
1997年	23.5%	17.2%	3387
1998年	23.5%	17.6%	3319
1999年	24.4%	17.3%	3198
2000年	24.8%	17.8%	3258
2001年	24.5%	17.6%	3129
2002年	24.1%	16.6%	3289
2003年	24.2%	14.8%	3239
2004年	23.8%	15.1%	3462
2005年	22.7%	15.9%	3664
2006年	20.9%	14.6%	3393
2007年	20.6%	14.4%	3520
2008年	21.8%	16.4%	3589
2009年	22.5%	15.5%	3328
2010年	22.4%	16.2%	3404
2011年	21.9%	14.1%	3019

附表64 中国跨省、跨区交流输电线路利用情况

	线路	实际平均输送功率（万kW）	设计经济功率（理论）（万kW）	输电通道利用率
华北电网	26条500kV省间线路	67	110	60.9%
华中电网	18条500kV省间线路	34	110	30.9%
华东电网	17条500kV省间线路	43	110	39.1%
东北电网	16条500kV省间线路	36	110	32.7%
南方电网	18条500kV省间线路	47	110	42.7%
晋东南－南阳－荆门	1条1000kV跨区线路	135	240	56.3%

附表65 改革开放以来中国电价政策及价格水平变动情况

时期	时间	电价政策	电价水平
低水平稳定期	1975—1985年	·目录电价——始于1975年颁布的《电热价格》，明确了基本的电价水平和销售电价分类；1993年以后，对分类等进行过一些调整。	以目录电价为基础逐步取消优惠，总体变动很小
快速扩张期	1986—1995年	·还本付息电价——始于1985年，也称集资办电电价，是针对贷款建设的集资电厂的上网电价政策，有利于吸引多元投资，缓解电荒。 ·燃运加价——1985-1993年期间为配合煤炭行业改革，明确规定了燃运加价的范围和计算方法。 ·电力建设基金——从1988年开始，为筹集电力建设资金，对全国所有企业用电征收每千瓦时2分钱的电力建设基金，用于地方电力基本建设；1996年调整，1分钱用于地方电力基本建设，1分钱由中央电力企业用于电网建设。	因燃运价格上涨、单位造价攀升，电价水平增长较快，年均增长13%左右
控制转折期	1996—2001年	·经营期电价——1990年代末，为约束电力建设成本，将按还贷期定价改为按项目经营期（经济寿命周期），按项目个别成本定价改为按社会平均先进成本定价，使新建项目的上网电价平均降低0.05元/kW·h。	电力供大于求，出现降价要求，电价年均增长不足9%

（续表）

时期	时间	电价政策	电价水平
持续博弈、多元目标期	2002年至今	·标杆电价——从2004年开始，新建发电项目统一执行区域或省提前公布的上网标杆电价，从按个别成本定价，改进为按照区域社会平均成本实行统一定价，不再一机一价。 ·竞价上网——1999年浙江、山东、上海及东北三省，2004年东北区域，2006年华东区域曾经开展竞价上网试点性，后因故中止。 ·煤电联动——从2004年开始，为应对电煤价格持续上涨，发布了上网电价、销售电价与电煤价格联动的政策。 ·其他节能环保电价政策——近年相继出台脱硫电价、差别电价、可再生能源电、小火电机组上网电价、峰谷丰枯电价等政策。 ·阶梯电价——从2012年开始，对居民用电实行正向阶梯电价。	2002年至今，发电装机与电量快速增长，一次能源价格持续攀升，因装机不足、煤电矛盾等引起的电荒长期延续，但仍长期坚持人为压制电价的政策，虽然多次调价但年均增速不足5%

附表66　中国主要能源资源与世界水平对比（2008年）

种类与指标		中国	世界	中国/世界	中国人均/世界人均
石油	储产比	11.1	42	1：3.78	—
	探明储量（亿吨）	21	1708	1.23%：100%	1：16.11
天然气	储产比	32.3	60.4	1：1.87	—
	探明储量（$10^{12}m^3$）	2.46	185.02	1.33%：100%	1：14.90
煤炭	储产比	41	122	1：1.98	—
	探明储量（亿吨）	1145	8260	13.86%：100%	1：1.43
水力发电	理论发电能力（亿kW·h/年）	60830	286960	21.20%：100%	1：0.93
铀矿	估计储量（吨）	21700	1272685	1.71%：100%	1：11.59

数据来源：根据BP能源统计的数据折算。

附表67　2005—2011年中国跨省、跨区电量交换情况

年份	跨区		跨省		全国发电量（亿kW·h）
	交换电量（亿kW·h）	占比	交换电量（亿kW·h）	占比	
2005年	804	3.22%	2748	11.00%	24975
2006年	815	2.86%	3054	10.72%	28499

（续表）

年份	跨区		跨省		全国发电量
	交换电量（亿kW·h）	占比	交换电量（亿kW·h）	占比	（亿kW·h）
2007年	949	2.91%	3927	12.03%	32644
2008年	1049	3.04%	4560	13.21%	34510
2009年	1213	3.30%	5245	14.25%	36812
2010年	1492	3.53%	5879	13.91%	42278
2011年	1680	3.56%	6323	13.39%	47217

数据来源：中电联。

附表68 2003—2010年中国居民电价与平均销售电价

单位：元/kW·h

年份	平均居民电价	平均销售电价	倒挂价差
2003年	0.444	0.438	0.006
2004年	0.447	0.458	−0.011
2005年	0.448	0.485	−0.037
2006年	0.460	0.499	−0.039
2007年	0.471	0.509	−0.038
2008年	0.469	0.523	−0.054
2009年	0.467	0.531	−0.064
2010年	0.475	0.571	−0.096

数据来源：电监会。其中，平均居民电价为含税到户价，平均销售电价含税但不含各类政府性基金与附加。

附表69 1990—2011年广东能源自产比率

年份	当地能源生产量（万吨标准煤）	终端能源消费量（万吨标准煤）	能源消费自产比率
1985年	855	2495	34.3%
1986年	864	2704	32.0%
1987年	904	3028	29.9%
1988年	1002	3529	28.4%
1989年	1008	3944	25.5%
1990年	1006	3936	25.6%
1991年	1115	4520	24.7%
1992年	1453	5019	28.9%
1993年	1614	5590	28.9%
1994年	2286	6480	35.3%

（续表）

年份	当地能源生产量 （万吨标准煤）	终端能源消费量 （万吨标准煤）	能源消费自产比率
1995年	2623	7062	37.1%
1996年	3758	7456	50.4%
1997年	4079	7670	53.2%
1998年	3914	8083	48.4%
1999年	3509	8425	41.7%
2000年	3712	9080	40.9%
2001年	3408	9775	34.9%
2002年	3628	10862	33.4%
2003年	4089	12414	32.9%
2004年	4851	14488	33.5%
2005年	4525	17272	26.2%
2006年	4160	19059	21.8%
2007年	3924	21143	18.6%
2008年	4415	22288	19.8%
2009年	4392	23943	18.3%
2010年	4858	26345	18.4%
2011年	4847	27780	17.4%

附表70 2012年广东省内四区域发用电情况

地区	城市	供电量 （亿kW·h）	用电量 （亿kW·h）	统调最高负荷 （万kW）	电源装机容量 （万kW）
珠三角地区	广州市	656	695	1217	868
	深圳市	705	714	1368	1274
	佛山市	502	505	890	346
	东莞市	601	604	1143	663
	惠州市	227	227	403	683
	江门市	196	196	331	475
	中山市	204	206	402	179
	珠海市	156	156	271	296
	肇庆市	131	131	216	133
	合计	3378	3434	6241	4917

(续表)

地区	城市	供电量 (亿kW·h)	用电量 (亿kW·h)	统调最高负荷 (万kW)	电源装机容量 (万kW)
粤东地区	汕头市	155	156	269	368
	潮州市	66	66	117	351
	揭阳市	119	121	190	181
	汕尾市	35	35	64	236
	合计	375	378	640	1136
粤西地区	茂名市	61	75	112	185
	阳江市	64	64	109	172
	湛江市	82	93	153	261
	云浮市	42	42	69	177
	合计	249	274	443	795
粤北地区	韶关市	85	104	205	349
	梅州市	60	66	110	327
	清远市	142	142	217	191
	河源市	58	58	108	238
	合计	345	370	640	1105

附表71　2011年西电东送广东有关价格体系

	送出价 (元)	输电价 (元)	线损率	落地价 (元)	对比价 (元)	落地电量 (亿kW·h)
云南送广东	0.364	0.092	6.57%	0.482	本地销售电价0.412	310
贵州送广东	0.364	0.092	7.05%	0.484	本地销售电价0.487	255
广西送广东	0.475	0.023	—	0.498	本地销售电价0.502	17
三峡送南方	0.313	0.066	7.65%	0.405	—	129
天生桥一级送广东	0.245	0.075	5.63%	0.335	—	16
天生桥二级送广东	0.233	0.075	5.63%	0.322	—	21
龙滩送广东	0.295	0.036	—	0.307	—	42

附表72　2006—2011年广东、江苏电网负荷特性

年份	平均用电负荷率		日最大峰谷差率	
	广东	江苏	广东	江苏
2006年	85.15%	89.43%	75.69%	41.83%
2007年	85.36%	90.03%	80.55%	32.63%
2008年	83.91%	89.00%	74.70%	40.00%
2009年	81.99%	89.61%	76.32%	40.84%
2010年	83.32%	90.22%	76.90%	37.32%
2011年	83.92%	90.77%	77.24%	36.41%

附表73　2001—2012年佛山电网日最大负荷、日最高供电量

年份	日最大负荷（万kW）	日最高供电量（万kW·h）
2001年	295	5689
2002年	344	6774
2003年	411	8384
2004年	470	9775
2005年	514	10882
2006年	572	11762
2007年	640	13247
2008年	643	13504
2009年	717	14508
2010年	771	15869
2011年	889	17448
2012年	890	17392

附表74　2010年11月1日广东省人口普查公报数据

城市	面积（千米²）	常住人口（人）	户籍人口（人）	城镇人口比例
深圳市	1952.84	10357938	2168453	100%
广州市	7434.40	12700800	7734787	94.09%
珠海市	1701.00	1560229	1026500	90.32%
中山市	1800.14	4120884	1000454	86.00%
佛山市	3848.49	7194311	3610800	84.99%
东莞市	2465.00	8220237	1712593	84.81%
汕头市	2064.42	5391028	5008177	75.47%
潮州市	3100.22	2669844	2540616	49.11%
清远市	19152.89	3698394	4030122	45.69%

（续表）

城市	面积（千米²）	常住人口（人）	户籍人口（人）	城镇人口比例
江门市	9540.60	4448871	3883768	43.85%
阳江市	7813.40	2421812	2710268	43.35%
惠州市	11158.00	4597002	3128886	41.55%
肇庆市	14856.00	3918085	4077063	40.67%
揭阳市	5240.50	5877025	6347807	40.08%
茂名市	11458.00	5817753	7164431	39.01%
河源市	15826.00	2953019	3354253	38.87%
湛江市	12470.50	6993304	7449934	38.05%
汕尾市	5271.00	2935717	3298562	35.69%
梅州市	15908.00	4240139	5033594	33.33%
韶关市	18385.01	2826612	3211920	28.57%
云浮市	7779.12	2360128	2686162	28.22%
全省	179812.66	104303132	81560524	66.18%

附表75　2012年全国无电人口调查数据

省份	无电户（户）	无电人口（人）	省份	无电户（户）	无电人口（人）
新疆	277573	1082279	甘肃	4051	13870
四川	249743	1056327	山西	917	3110
西藏	129268	613000	广东	711	3012
青海	112047	456300	福建	227	960
云南	81401	331101	海南	259	855
内蒙古	47229	164754	湖南	154	616
广西	9791	39211	贵州	75	192

全国合计：无电乡镇256个、无电村3917个、无电户913446户，无电人口3765587人。
数据来源：国家电监会。

附表76　2002—2011年全国及广东、江苏最高用电负荷

年份	广东		江苏	
	最高负荷（万kW）	同比增速	最高负荷（万kW）	同比增速
2002年	2870	—	1976	—
2003年	3400	18.5%	2215	12.1%
2004年	3970	16.8%	2454	10.8%
2005年	4415	11.2%	3319	35.2%
2006年	3735	统计有调整，数据不可比	3828	15.3%

年份	广东		江苏	
	最高负荷（万kW）	同比增速	最高负荷（万kW）	同比增速
2007年	4697	25.8%	4562	19.2%
2008年	5294	12.7%	4727	3.6%
2009年	6178	16.7%	5230	10.6%
2010年	6956	12.6%	6034	15.4%
2011年	7475	7.6%	6628	9.8%

附表77　2000—2010年广东省、中国及世界主要国家单位GDP能耗

单位：吨标准煤/千美元（2000年不变价）

年份	广东省	中国	美国	日本	德国	法国	加拿大	世界
2000年	0.71	1.30	0.33	0.16	0.25	0.50	0.44	0.44
2006年	0.60	1.24	0.29	0.15	0.24	0.45	0.44	0.44
2007年	0.58	1.17	0.29	0.14	0.23	0.44	0.43	0.43
2010年	0.54	1.03						

数据来源：国际能源署（IEA）、《中国能源统计年鉴2011》、《中国电力统计年鉴2011》。

附表78　中国/印度电力及经济发展基本情况对比

指标	单位	中国	印度	备注
GDP年均增速	—	10.55%	7.64%	2001—2011年
GDP	万亿美元	7.298	1.848	2011年
人均GDP	美元	5430	1489	2011年
发电装机容量	亿kW	10.558	1.999	2011年
人均装机	kW	0.79	0.16	2011年
发电量	万亿kW·h	4.722	0.876	2011年
发电量年均增速	—	12.3%	4.6%	2001—2011年
年均电力生产弹性	—	1.16	0.61	2001—2011年
人均用电量	kW·h	3491	813	2011年
220kV及以上线路长度	万km	48.033	26.869	2011年
220kV及以上变电容量	亿kV·A	21.992	3.998	2011年

附表79　印度电力系统基本结构（2012年8月）

	北部电网	西部电网	南部电网	东部电网	东北部电网	全国
火电	61.70%	74.44%	54.22%	84.00%	41.82%	66.63%
煤电	53.35%	62.30%	43.16%	83.23%	2.44%	56.92%
气电	8.33%	12.11%	9.30%	0.71%	33.57%	9.13%
油电	0.02%	0.03%	1.76%	0.06%	5.81%	0.58%
水电	27.50%	10.92%	21.25%	14.47%	48.89%	18.98%
核电	2.89%	2.60%	2.47%	0.00%	0.00%	2.31%
其他可再生能源发电	7.91%	11.95%	22.06%	1.53%	9.92%	12.08%
区域电网装机容量（MW）	56089	68186	53362	26838	2455	207006
装机占比	27.10%	32.94%	25.78%	12.96%	1.19%	——

附表80　1985—2008年广东终端能源消费结构

年份	全国电力占能源终端消费量的比重	广东电力占能源终端消费量的比重	广东煤炭占能源终端消费量的比重
1985	6.9%	29.1%	39.7%
1986	7.1%	29.5%	37.7%
1987	7.4%	31.2%	37.8%
1988	7.5%	29.0%	39.3%
1989	7.7%	28.2%	38.9%
1990	8.1%	33.0%	33.6%
1991	10.1%	33.5%	32.6%
1992	10.8%	36.2%	30.6%
1993	11.4%	38.9%	30.3%
1994	11.9%	40.6%	27.3%
1995	12.4%	39.7%	27.0%
1996	12.3%	41.2%	24.2%
1997	13.7%	40.3%	22.9%
1998	14.6%	40.5%	20.8%
1999	15.8%	41.0%	18.3%
2000	17.9%	45.4%	17.1%
2001	19.1%	46.1%	15.9%
2002	19.7%	49.2%	14.5%
2003	19.9%	44.5%	17.8%
2004	19.8%	51.6%	11.7%
2005	19.2%	50.0%	11.5%

(续表)

年份	全国电力占能源终端消费量的比重	广东电力占能源终端消费量的比重	广东煤炭占能源终端消费量的比重
2006	20.3%	48.5%	12.3%
2007	21.8%	48.6%	12.2%
2008		47.9%	13.7%

附表81 1995—2010年广东省发电用能源消费占总消费的比重

年份	全国电力消费能源在一次能源中的比重	广东发电用能占总能源消费的比重	广东发电用煤占总煤炭消费的比重
1995	31.88%	41.17%	42.17%
2000	38.87%	47.50%	59.20%
2005	41.39%	50.96%	67.35%
2006	43.10%	50.44%	66.84%
2007	44.12%	50.37%	67.41%
2008	40.94%	49.66%	62.42%
2009	40.96%	47.50%	60.16%
2010	—	48.70%	62.18%

附表82 2007—2011年各省居民电价

单位：元/kW·h

省份	2007年	2008年	2009年	2010年	2011年
北京	0.439	0.475	0.473	0.472	0.474
天津	0.450	0.488	0.488	0.488	0.488
河北（北网）	0.412	0.483	0.484	0.485	0.487
河北（南网）	0.428	0.487	0.485	0.487	0.485
山西	0.374	0.465	0.465	0.464	0.463
山东	0.460	0.504	0.520	0.519	0.529
内蒙古（东部）	0.411	0.455	0.432	0.448	0.476
内蒙古（西部）	0.386	0.385	0.386	0.368	0.362
辽宁	0.470	0.495	0.496	0.497	0.497
吉林	0.478	0.521	0.521	0.522	0.522
黑龙江	0.446	0.463	0.460	0.459	0.458
陕西	0.375	0.475	0.496	0.497	0.498
甘肃	0.457	0.483	0.489	0.487	0.484
青海	0.338	0.345	0.344	0.356	0.357
宁夏	0.434	0.448	0.457	0.452	0.451

（续表）

省份	2007年	2008年	2009年	2010年	2011年
新疆	0.485	0.494	0.499	0.500	0.501
上海	0.523	0.543	0.541	0.537	0.542
浙江	0.500	0.528	0.526	0.527	0.527
江苏	0.337	0.504	0.504	0.503	0.504
安徽	0.485	0.553	0.549	0.545	0.550
福建	0.421	0.471	0.473	0.474	0.475
湖北	0.500	0.559	0.560	0.563	0.564
河南	0.494	0.544	0.545	0.546	0.546
湖南	0.445	0.528	0.526	0.530	0.529
江西	0.549	0.598	0.599	0.599	0.600
四川	0.465	0.507	0.507	0.508	0.510
重庆	0.460	0.517	0.517	0.517	0.518
西藏	—	0.563	0.532	0.497	0.489
广东	0.607	0.634	0.599	0.628	0.629
广西	0.444	0.490	0.442	0.518	0.540
云南	0.422	0.452	0.421	0.452	0.453
贵州	0.406	0.487	0.408	0.438	0.440
海南	0.578	0.601	0.571	0.600	0.601

数据来源：电监会。其中，平均居民电价为含税到户价，平均销售电价含税但不含各类政府性基金与附加。

附表83　2006—2011年各省平均销售电价

单位：元/kW·h

省份	2007年	2008年	2009年	2010年	2011年
北京	0.624	0.650	0.672	0.704	0.711
天津	0.543	0.561	0.581	0.607	0.609
河北（北网）	0.468	0.454	0.468	0.479	0.493
河北（南网）	0.459	0.472	0.494	0.519	0.564
山西	0.395	0.415	0.424	0.452	0.478
山东	0.505	0.520	0.540	0.557	0.616
内蒙古（东部）	0.317	0.342	0.433	0.453	0.438
内蒙古（西部）	0.334	0.334	0.360	0.389	0.393
辽宁	0.520	0.540	0.582	0.596	0.603
吉林	0.495	0.511	0.529	0.542	0.543
黑龙江	0.472	0.482	0.511	0.532	0.544

(续表)

省份	2007年	2008年	2009年	2010年	2011年
陕西	0.417	0.431	0.456	0.476	0.505
甘肃	0.363	0.377	0.368	0.397	0.401
青海	0.293	0.312	0.299	0.333	0.450
宁夏	0.374	0.389	0.375	0.411	0.399
新疆	0.396	0.412	0.472	0.473	0.454
上海	0.657	0.680	0.698	0.720	0.712
浙江	0.572	0.592	0.616	0.625	0.633
江苏	0.579	0.556	0.585	0.598	0.605
安徽	0.487	0.522	0.509	0.534	0.553
福建	0.483	0.502	0.516	0.536	0.532
湖北	0.512	0.533	0.556	0.585	0.609
河南	0.419	0.433	0.444	0.478	0.504
湖南	0.496	0.514	0.526	0.558	0.588
江西	0.504	0.547	0.563	0.573	0.595
四川	0.459	0.483	0.500	0.493	0.506
重庆	0.481	0.518	0.538	0.559	0.561
西藏	—	0.502	0.570	0.625	0.600
广东	0.701	0.706	0.699	0.707	0.712
广西	0.438	0.458	0.471	0.495	0.508
云南	0.366	0.389	0.383	0.407	0.428
贵州	0.356	0.384	0.388	0.415	0.460
海南	0.615	0.644	0.661	0.682	0.716

数据来源：电监会。其中，平均居民电价为含税到户价，平均销售电价含税但不含各类政府性基金与附加。

附表84　2005—2011年全国及广东、江苏制造业中用电量前10名产业

单位：亿kW·h

2005年	全国		广东		江苏	
	行业	用电量	行业	用电量	行业	用电量
1	钢铁	2547	交通电气电子	240	纺织	228
2	化工	2126	塑料橡胶	208	钢铁	225
3	有色	1471	建材	180	化工	210
4	建材	1417	金属制品	152	交通电气电子	148

2005年	全国		广东		江苏	
	行业	用电量	行业	用电量	行业	用电量
5	纺织	903	工艺品	110	建材	119
6	交通电气电子	795	纺织	90	金属制品	72
7	塑料橡胶	581	服装	64	通用专用设备	67
8	通用专用设备	526	钢铁	60	塑料橡胶	64
9	金属制品	506	造纸	50	化纤	55
10	食品饮料烟草	480	食品饮料烟草	49	造纸	53
2006年	全国		广东		江苏	
	行业	用电量	行业	用电量	行业	用电量
1	钢铁	3038	交通电气电子	299	钢铁	280
2	化工	2398	塑料橡胶	227	纺织	269
3	有色	1828	建材	197	化工	242
4	建材	1635	金属制品	179	交通电气电子	190
5	纺织	1031	工艺品	101	建材	133
6	交通电气电子	976	纺织	94	金属制品	90
7	塑料橡胶	660	服装	78	通用专用设备	81
8	金属制品	605	钢铁	74	塑料橡胶	75
9	通用专用设备	596	食品饮料烟草	56	化纤	58
10	食品饮料烟草	540	化工	55	造纸	58
2007年	全国		广东		江苏	
	行业	用电量	行业	用电量	行业	用电量
1	钢铁	3716	交通电气电子	347	钢铁	337
2	化工	2726	塑料橡胶	249	纺织	310
3	有色	2410	建材	223	化工	276

（续表）

2007年	全国		广东		江苏	
	行业	用电量	行业	用电量	行业	用电量
4	建材	1869	金属制品	209	交通电气电子	252
5	交通电气电子	1179	工艺品	109	建材	146
6	纺织	1139	纺织	103	金属制品	120
7	塑料橡胶	741	服装	87	通用专用设备	107
8	金属制品	734	钢铁	85	塑料橡胶	94
9	通用专用设备	698	化工	66	有色	59
10	食品饮料烟草	610	食品饮料烟草	62	化纤	58
2008年	全　国		广东		江苏	
	行业	用电量	行业	用电量	行业	用电量
1	钢铁	3793	交通电气电子	364	钢铁	342
2	化工	2768	塑料橡胶	242	纺织	299
3	有色	2568	金属制品	217	交通电气电子	286
4	建材	1961	建材	217	化工	283
5	交通电气电子	1287	工艺品	122	建材	151
6	纺织	1126	纺织	102	金属制品	124
7	金属制品	794	服装	89	通用专用设备	124
8	通用专用设备	760	钢铁	89	塑料橡胶	98
9	塑料橡胶	747	化工	68	有色	57
10	食品饮料烟草	640	通用专用设备	63	化纤	54
2009年	全　国		广东		江苏	
	行业	用电量	行业	用电量	行业	用电量
1	钢铁	4070	交通电气电子	386	钢铁	343
2	化工	2800	塑料橡胶	231	交通电气电子	315

(续表)

2009年	全　国		广东		江苏	
	行业	用电量	行业	用电量	行业	用电量
3	有色	2576	建材	209	纺织	309
4	建材	2126	金属制品	199	化工	287
5	交通电气电子	1394	工艺品	139	建材	154
6	纺织	1147	纺织	104	金属制品	133
7	金属制品	803	服装	95	通用专用设备	133
8	通用专用设备	777	钢铁	85	塑料橡胶	103
9	塑料橡胶	772	通用专用设备	72	有色	61
10	食品饮料烟草	677	化工	69	化纤	55
2010年	全　国		广东		江苏	
	行业	用电量	行业	用电量	行业	用电量
1	钢铁	4708	交通电气电子	478	交通电气电子	403
2	有色	3169	塑料橡胶	267	钢铁	388
3	化工	3078	建材	243	纺织	340
4	建材	2498	金属制品	240	化工	311
5	交通电气电子	1748	工艺品	152	通用专用设备	178
6	纺织	1277	纺织	116	金属制品	174
7	金属制品	1036	服装	106	建材	173
8	通用专用设备	961	钢铁	101	塑料橡胶	121
9	塑料橡胶	904	通用专用设备	85	有色	72
10	食品饮料烟草	758	化工	75	化纤	64
2011年	全　国		广东		江苏	
	行业	用电量	行业	用电量	行业	用电量
1	钢铁	5312	交通电气电子	509	交通电气电子	459

（续表）

2011年	全 国		广东		江苏	
	行业	用电量	行业	用电量	行业	用电量
2	有色	3562	塑料橡胶	281	钢铁	425
3	化工	3463	金属制品	278	纺织	367
4	建材	2938	建材	270	化工	328
5	交通电气电子	1937	工艺品	164	通用专用设备	216
6	纺织	1379	纺织	116	金属制品	214
7	金属制品	1289	服装	113	建材	190
8	通用专用设备	1098	钢铁	112	塑料橡胶	131
9	塑料橡胶	984	通用专用设备	96	化纤	73
10	食品饮料烟草	830	化工	79	有色	69

附表85　1952—2011年广东、江苏GDP及占全国比重

年份	全国GDP（亿元）	广东地区产值（亿元）	广东占全国产值比重	江苏地区产值（亿元）	江苏占全国产值比重
1952年	679	30	4.4%	48	7.1%
1953年	824	41	5.0%	53	6.4%
1954年	859	47	5.5%	54	6.3%
1955年	911	48	5.3%	59	6.5%
1956年	1029	53	5.2%	62	6.0%
1957年	1069	59	5.5%	65	6.1%
1958年	1308	67	5.1%	75	5.7%
1959年	1440	74	5.1%	80	5.6%
1960年	1458	73	5.0%	87	6.0%
1961年	1221	62	5.1%	72	5.9%
1962年	1151	72	6.3%	69	6.0%
1963年	1236	82	6.6%	76	6.1%
1964年	1456	82	5.6%	90	6.2%
1965年	1717	87	5.1%	95	5.5%
1966年	1873	96	5.1%	110	5.9%
1967年	1780	96	5.4%	99	5.6%
1968年	1730	87	5.0%	103	6.0%

(续表)

年份	全国GDP（亿元）	广东地区产值（亿元）	广东占全国产值比重	江苏地区产值（亿元）	江苏占全国产值比重
1969年	1946	99	5.1%	112	5.8%
1970年	2261	112	5.0%	129	5.7%
1971年	2435	113	4.6%	148	6.1%
1972年	2530	118	4.7%	157	6.2%
1973年	2733	129	4.7%	171	6.3%
1974年	2804	138	4.9%	172	6.1%
1975年	3013	158	5.2%	184	6.1%
1976年	2962	156	5.3%	188	6.3%
1977年	3221	169	5.2%	202	6.3%
1978年	3645	186	5.1%	249	6.8%
1979年	4063	209	5.1%	299	7.4%
1980年	4546	250	5.5%	320	7.0%
1981年	4892	290	5.9%	350	7.2%
1982年	5323	340	6.4%	390	7.3%
1983年	5963	369	6.2%	438	7.3%
1984年	7208	459	6.4%	519	7.2%
1985年	9016	577	6.4%	652	7.2%
1986年	10275	668	6.5%	745	7.3%
1987年	12059	847	7.0%	922	7.6%
1988年	15043	1155	7.7%	1209	8.0%
1989年	16992	1381	8.1%	1322	7.8%
1990年	18668	1559	8.4%	1417	7.6%
1991年	21782	1893	8.7%	1601	7.4%
1992年	26924	2448	9.1%	2136	7.9%
1993年	35334	3469	9.8%	2998	8.5%
1994年	48198	4619	9.6%	4057	8.4%
1995年	60794	5933	9.8%	5155	8.5%
1996年	71177	6835	9.6%	6004	8.4%
1997年	78973	7775	9.8%	6680	8.5%
1998年	84402	8531	10.1%	7200	8.5%
1999年	89677	9251	10.3%	7698	8.6%
2000年	99215	10741	10.8%	8554	8.6%
2001年	109655	12039	11.0%	9457	8.6%
2002年	120333	13502	11.2%	10607	8.8%
2003年	135823	15845	11.7%	12443	9.2%
2004年	159878	18865	11.8%	15004	9.4%

(续表)

年份	全国GDP（亿元）	广东地区产值（亿元）	广东占全国产值比重	江苏地区产值（亿元）	江苏占全国产值比重
2005年	183217	22367	12.2%	18306	10.0%
2006年	211924	26160	12.3%	21645	10.2%
2007年	257306	31084	12.1%	25741	10.0%
2008年	300670	35696	11.9%	30313	10.1%
2009年	335353	39483	11.8%	34457	10.3%
2010年	397983	46013	11.6%	41425	10.4%
2011年	471564	53210	11.3%	49110	10.4%

附表86　1978—2011年广东、江苏财政一般预算收入及占全国比重

年份	全国财政收入（亿元）	广东财政一般预算收入（亿元）	广东财政收入占全国比重	江苏财政一般预算收入（亿元）	江苏财政收入占全国比重
1978年	1132	39	3.4%	61	5.4%
1979年	1146	34	3.0%	59	5.1%
1980年	1160	36	3.1%	62	5.3%
1981年	1176	39	3.3%	63	5.4%
1982年	1212	41	3.4%	67	5.5%
1983年	1367	42	3.1%	74	5.4%
1984年	1643	45	2.7%	76	4.6%
1985年	2005	65	3.2%	89	4.4%
1986年	2122	80	3.8%	99	4.7%
1987年	2199	93	4.2%	107	4.9%
1988年	2357	108	4.6%	118	5.0%
1989年	2665	137	5.1%	126	4.7%
1990年	2937	131	4.5%	136	4.6%
1991年	3149	177	5.6%	143	4.5%
1992年	3483	223	6.4%	152	4.4%
1993年	4349	347	8.0%	221	5.1%
1994年	5218	299	5.7%	137	2.6%
1995年	6242	382	6.1%	173	2.8%
1996年	7408	479	6.5%	223	3.0%
1997年	8651	544	6.3%	256	3.0%
1998年	9876	641	6.5%	297	3.0%
1999年	11444	766	6.7%	343	3.0%
2000年	13395	911	6.8%	448	3.3%
2001年	16386	1161	7.1%	572	3.5%

(续表)

年份	全国财政收入（亿元）	广东财政一般预算收入（亿元）	广东财政收入占全国比重	江苏财政一般预算收入（亿元）	江苏财政收入占全国比重
2002年	18904	1202	6.4%	644	3.4%
2003年	21715	1316	6.1%	798	3.7%
2004年	26396	1419	5.4%	980	3.7%
2005年	31649	1807	5.7%	1323	4.2%
2006年	38760	2179	5.6%	1657	4.3%
2007年	51322	2786	5.4%	2238	4.4%
2008年	61330	3310	5.4%	2731	4.5%
2009年	68477	3638	5.3%	3229	4.7%
2010年	83080	4516	5.4%	4080	4.9%
2011年	103740	5514	5.3%	5149	5.0%

附表87 1981—2011年广东、江苏及全国电力消费弹性系数

年份	广东			江苏			全国		
	用电量增速	GDP增速	电力消费弹性系数	用电量增速	GDP增速	电力消费弹性系数	用电量增速	GDP增速	电力消费弹性系数
1981年	5.7%	9.0%	0.633	8.4%	10.9%	0.771	3.1%	5.2%	0.596
1982年	14.4%	12.0%	1.200	5.6%	9.8%	0.571	5.8%	9.1%	0.637
1983年	15.0%	7.3%	2.055	7.3%	12.3%	0.593	7.5%	10.9%	0.688
1984年	4.8%	15.6%	0.308	8.3%	15.7%	0.529	7.7%	15.2%	0.507
1985年	9.8%	18.0%	0.544	7.7%	17.3%	0.445	8.6%	13.5%	0.637
1986年	13.1%	12.7%	1.031	10.9%	10.4%	1.048	9.3%	8.8%	1.057
1987年	21.6%	19.6%	1.102	13.1%	13.4%	0.978	10.7%	11.6%	0.922
1988年	16.0%	15.8%	1.013	7.5%	19.6%	0.383	9.3%	11.3%	0.823
1989年	11.2%	7.2%	1.556	3.4%	2.5%	1.360	7.5%	4.1%	1.829
1990年	14.4%	11.6%	1.241	8.7%	5.0%	1.740	6.3%	3.8%	1.658
1991年	19.1%	17.7%	1.079	10.3%	8.3%	1.241	9.3%	9.2%	1.011
1992年	19.5%	22.1%	0.882	13.4%	25.6%	0.523	11.3%	14.2%	0.796
1993年	21.9%	23.0%	0.952	10.7%	19.8%	0.540	10.0%	14.0%	0.714
1994年	16.9%	19.7%	0.858	13.0%	16.5%	0.788	10.3%	13.1%	0.786
1995年	14.0%	15.6%	0.897	9.7%	15.4%	0.630	9.3%	10.9%	0.853
1996年	8.9%	11.3%	0.788	6.4%	12.2%	0.525	6.9%	10.0%	0.690
1997年	7.1%	11.2%	0.634	4.1%	12.0%	0.342	4.4%	9.3%	0.473
1998年	7.5%	10.8%	0.694	1.5%	11.0%	0.136	2.8%	7.8%	0.359
1999年	9.9%	10.1%	0.980	7.9%	10.1%	0.782	6.6%	7.6%	0.868
2000年	22.9%	11.5%	1.991	14.6%	10.6%	1.377	11.4%	8.4%	1.357

(续表)

年份	广东			江苏			全国		
	用电量增速	GDP增速	电力消费弹性系数	用电量增速	GDP增速	电力消费弹性系数	用电量增速	GDP增速	电力消费弹性系数
2001年	9.2%	10.5%	0.876	11.0%	10.2%	1.078	9.0%	8.3%	1.084
2002年	15.8%	12.4%	1.274	15.5%	11.7%	1.325	11.6%	9.1%	1.275
2003年	20.3%	14.8%	1.372	20.9%	13.6%	1.537	15.3%	10.0%	1.530
2004年	17.5%	14.8%	1.182	20.9%	14.8%	1.412	15.2%	10.1%	1.505
2005年	12.0%	13.8%	0.870	20.5%	14.5%	1.414	13.9%	10.4%	1.337
2006年	12.3%	14.6%	0.842	17.2%	14.9%	1.154	14.5%	11.6%	1.250
2007年	13.0%	14.7%	0.884	14.9%	14.9%	1.000	14.8%	13.0%	1.138
2008年	3.3%	10.1%	0.327	5.6%	12.3%	0.455	5.6%	9.0%	0.622
2009年	2.9%	9.5%	0.305	6.3%	12.4%	0.508	6.5%	10.3%	0.631
2010年	12.5%	12.2%	1.025	16.6%	12.7%	1.307	14.8%	9.2%	1.609
2011年	8.3%	10.0%	0.83	10.8%	11.9%	0.908	12.0%	7.8%	1.538

附表88 佛山"名牌战略"概览

年份	中国驰名商标	中国名牌产品	广东著名商标	广东名牌产品	重要企业
2002年	7	6	30	45	2000年,佛山塑料、佛陶集团、佛山纺织、禅科发展、正通集团、万家乐股份、格兰仕集团、科龙电器、健力宝集团、奇正电器、佛山照明、华新发展、海天调味、物产集团、新纺织等
2003年	7	15	54	71	"中国企业500强"(7家):美的股份、格兰仕集团、科龙电器、普立华科技、北电通信、健力宝集团、佛塑股份
2004年	7	30	86	102	"中国企业500强"(6家):美的股份、志高空调、佛塑股份、科龙电器、格兰仕集团、普立华科技
2005年	10	40	151	137	"中国企业500强"(2家):志高空调、普立华科技
2006年	16	53	171	150	"中国企业500强"(4家):美的股份、格兰仕集团、普立华科技、佛塑股份
2007年	25	65	217	180	"中国企业500强"(2家):美的股份、格兰仕集团
2008年	26	65	261	217	"中国企业500强"(3家):美的股份、格兰仕集团、顺达电脑
2009年	41	65	261	218	"中国企业500强"(2家):美的股份、格兰仕集团
2010年	53	65	289	269	"中国企业500强"(1家):美的股份
2011年	65	65	324	288	"中国企业500强"(3家):美的股份、格兰仕集团、碧桂园地产

附表89 1978—2011年珠三角、长三角城市群结构

单位：亿元

年份	珠三角		长三角		年份	珠三角		长三角	
	城市	GDP	城市	GDP		城市	GDP	城市	GDP
1978年	中国香港		上海	273	1995年	中国香港	10962	上海	2462
	广州	43	南京	35		广州	1259	苏州	903
	深圳	—	苏州	32		深圳	796	杭州	762
			杭州	28				无锡	761
			无锡	25				宁波	638
			宁波	20				南京	585
1979年	中国香港	1117	上海	286	1996年	中国香港	12109	上海	2957
	广州	48	南京	39		广州	1468	苏州	1002
	深圳	2	苏州	35		深圳	950	杭州	907
			杭州	34		佛山	637	无锡	370
			无锡	30		东莞	245	宁波	796
			宁波	24				南京	682
1980年	中国香港	1422	上海	311	1997年	中国香港	13445	上海	3438
	广州	57	南京	42		广州	1678	苏州	1132
	深圳	3	苏州	41		深圳	1297	杭州	1036
			杭州	41		佛山	724	无锡	960
			无锡	36		东莞	294	宁波	897
			宁波	30				南京	774
1981年	中国香港	1712	上海	324	1998年	中国香港	12798	上海	3801
	广州	63	苏州	48		广州	1893	苏州	1250
	深圳	5	杭州	47		深圳	1534	杭州	1135
			南京	43		佛山	782	无锡	1052
			无锡	38		东莞	557	宁波	973
			宁波	32				南京	850
1982年	中国香港	1930	上海	337	1999年	中国香港	12461	上海	4188
	广州	72	苏州	56		广州	2139	苏州	1358
	深圳	8	杭州	50		深圳	1804	杭州	1225
			南京	47		佛山	833	无锡	1138
			无锡	41		东莞	667	宁波	1042
			宁波	39				南京	937
1983年	中国香港	2134	上海	352	2000年	中国香港	12883	上海	4771
	广州	79	苏州	66		广州	2492	苏州	1541
	深圳	13	杭州	56		深圳	2187	杭州	1382
			南京	51		佛山	1050	无锡	1200

（续表）

年份	珠三角		长三角		年份	珠三角		长三角	
	城市	GDP	城市	GDP		城市	GDP	城市	GDP
			无锡	46		东莞	820	宁波	1176
			宁波	42				南京	1073
1984年	中国香港	2574	上海	391	2001年	中国香港	12698	上海	5210
	广州	97	苏州	78		广州	2841	苏州	1760
	深圳	23	杭州	69		深圳	2482	杭州	1568
			南京	64		佛山	1189	无锡	1360
			无锡	59		东莞	991	宁波	1312
			宁波	53				南京	1218
1985年	中国香港	2728	上海	467	2002年	中国香港	12479	上海	5741
	广州	124	苏州	92		广州	3203	苏州	2080
	深圳	39	杭州	90		深圳	2969	杭州	1781
			无锡	80		佛山	1328	无锡	1580
			南京	79		东莞	1186	宁波	1501
			宁波	71				南京	1385
1986年	中国香港	3140	上海	491	2003年	中国香港	12200	上海	6694
	广州	139	苏州	108		广州	3758	苏州	2801
	深圳	42	杭州	105		深圳	3585	杭州	2099
			南京	91		东莞	1452	无锡	1901
			无锡	89		佛山	1381	宁波	1786
			宁波	80				南京	1690
1987年	中国香港	3863	上海	545	2004年	中国香港	12819	上海	8072
	广州	173	苏州	127		广州	4450	苏州	3450
	深圳	56	杭州	126		深圳	4282	杭州	2515
			南京	109		佛山	1918	无锡	2250
			无锡	104		东莞	1806	宁波	2109
			宁波	96				南京	2067
1988年	中国香港	4572	上海	648	2005年	中国香港	13825	上海	9247
	广州	240	杭州	153		广州	5154	苏州	4138
	深圳	87	苏州	149		深圳	4950	杭州	2918
			无锡	134		佛山	2383	无锡	2805
			南京	131		东莞	2182	宁波	2449
			宁波	119				南京	2411
1989年	中国香港	5270	上海	697	2006年	中国香港	14754	上海	10572
	广州	287	苏州	174		广州	6081	苏州	4820
	深圳	116	杭州	166		深圳	5813	杭州	3441
			无锡	145		佛山	2928	无锡	3311

(续表)

年份	珠三角		长三角		年份	珠三角		长三角	
	城市	GDP	城市	GDP		城市	GDP	城市	GDP
			南京	141		东莞	2627	宁波	2864
			宁波	137				南京	2773
1990年	中国香港	5876	上海	756	2007年	中国香港	16155	上海	12494
	广州	319	苏州	202		广州	7140	苏州	5701
	深圳	172	杭州	190		深圳	6801	杭州	4103
			南京	177		佛山	3605	无锡	3858
			无锡	160		东莞	3151	宁波	3435
			宁波	141				南京	3284
1991年	中国香港	6772	上海	893	2008年	中国香港	16770	上海	14069
	广州	386	苏州	235		广州	8287	苏州	7070
	深圳	234	杭州	228		深圳	7786	杭州	4781
			南京	202		佛山	4378	无锡	4460
			宁波	187		东莞	3702	宁波	3964
			无锡	185				南京	3814
1992年	中国香港	7913	上海	1114	2009年	中国香港	16223	上海	15046
	广州	510	苏州	360		广州	9138	苏州	7740
	深圳	317	无锡	304		深圳	8201	杭州	5098
			杭州	290		佛山	4821	无锡	4992
			南京	264		东莞	3763	宁波	4334
			宁波	233				南京	4230
1993年	中国香港	9128	上海	1511	2010年	中国香港	17439	上海	17165
	广州	744	苏州	526		广州	10604	苏州	9229
	深圳	449	无锡	441		深圳	9581	杭州	5949
			杭州	425		佛山	5651	无锡	5793
			南京	355		东莞	4246	宁波	5163
			宁波	328				南京	5130
1994年	中国香港	10297	上海	1972	2011年	中国香港	15500	上海	19195
	广州	985	苏州	721		广州	12303	苏州	10717
	深圳	615	无锡	607		深圳	11502	杭州	7011
			杭州	586		佛山	6580	无锡	6880
			南京	472		东莞	4735	南京	6145
			宁波	464				宁波	6010

附表90 1978—2011年佛山、苏州地区产值对比

年份	佛山（亿元）	苏州（亿元）	佛山/苏州	年份	佛山（亿元）	苏州（亿元）	佛山/苏州
1978年	13	32	40.6%	1995年	564	903	62.5%
1979年	14	35	40.0%	1996年	666	1002	66.5%
1980年	17	41	41.5%	1997年	766	1132	67.7%
1981年	21	48	43.8%	1998年	837	1250	67.0%
1982年	24	56	42.9%	1999年	905	1358	66.7%
1983年	28	66	42.4%	2000年	1050	1541	68.4%
1984年	35	78	44.9%	2001年	1189	1760	67.6%
1985年	48	92	52.2%	2002年	1329	2080	63.9%
1986年	57	108	52.8%	2003年	1578	2801	56.3%
1987年	69	127	54.3%	2004年	1918	3450	55.6%
1988年	101	153	66.0%	2005年	2383	4138	57.6%
1989年	111	174	63.8%	2006年	2934	4820	60.9%
1990年	137	202	67.8%	2007年	3605	5701	63.2%
1991年	178	235	75.7%	2008年	4378	7070	61.9%
1992年	253	360	70.3%	2009年	4821	7740	62.3%
1993年	353	526	67.1%	2010年	5652	9229	61.2%
1994年	445	721	61.7%	2011年	6210	10717	57.9%

表框文1 "佛山故事"（电力及电力保障部分）访谈名录

王野平——国家电监会副主席，曾任南方电网公司首任总经理、广东省电力集团公司董事长、广东省电力局局长

郭智——南方电监局局长，曾任南方电网公司市场部主任、广东省电力集团公司副总、广东省经信委电力处首任处长

雷叔华——（南方电网）南方传媒集团副总，曾任广东省电力集团公司办公室主任

童光毅——国家电监会输电部副主任，曾在南方电监局、广东省经信委、南方电网调度中心等任职

汪拥军——南方电监局综合处长，曾在南方电网公司、广东省经信委

电力处等任职

　　莫建斌——广东省经信委电力能源处处长

　　刘巍——广东省电力公司计划部主任

　　张卓——佛山供电局局长

　　张忠东——佛山供电局党委书记

　　郑建平——佛山供电局副局长

　　陈植强——佛山电力协会会长

　　以上合计11人，其中副部级领导1人、正局级干部1名、副局级2名、处级5名、副处级2名。

　　涉及6家相关机构，其中南网公司5人（1人现任）、广东省经信委4人（1人现任）、广东电力公司4人（1人现任）、佛山供电局4人（3人现任）、南方电监局3人（2人现任）、国家电监会2人（2人现任）。

表框文2　"佛山故事"（电力及电力保障部分）调研提纲

一、广东及佛山电力发展情况

1.佛山电网在广东电网中的系统特性（受/送/中转？边缘/核心？独立性/一体化？其他特点？），1978年以来系统特性的变动情况及趋势

2.1978年以来全社会用电量（总量、一二三产业及居民）

3.历年电力供应缺口或拉限情况，以及企业、社会的表现

4.1978年以来发电装机、发电量（总量、水火风核及油气、抽蓄）

5.历年电源、电网项目建设进程（包括投资）

6.不同时期应对电力供应问题的主要措施及基本效果

7.改进电力供应的主要经验（包括教训），对未来的政策建议

8.佛山作为南网区域唯一的全国电力需求侧管理综合试点城市，试点开展情况如何？得到什么政策扶持？具体如何实施？目前效果如何？还有什么意见与政策建议？

　　——如果早期数据不全，可以文字描述

二、广东及佛山能源概况

1.基本资源情况——可对比需求、对比周边

2.能源发展历程——问题，对策；最好有1978年以来数据

3.本地消费量（总、煤、油、气），主要用能产业（或大项目）

4.本地生产量（总、煤、油、气），主要生产项目

5.能源输入情况（总、煤、油、气），主要输入形式及运力（输电网、燃气管道、登陆码头、铁路等）

6.预测及规划（总、煤、油、气），包括需求、产能、运力等；另外，GDP发展规划及产业转型基本政策方向

7.对于发展智能能源系统（包括智能电网）方面有什么看法？有什么行动及效果？还有什么意见与政策建议？

——如果早期数据不全，可以文字描述

参考文献暨数据来源

1．《佛山市志（2002版）》，方志出版社

2．历年《佛山年鉴》，佛山市政府网站

3．历年《广东年鉴》，广东省政府网站

4．历年《广东统计年鉴》，广东省统计局网站

5．历年《中国电力年鉴》，中国电力出版社

6．历年《南方电网公司年鉴》，中国电力出版社

7．历年《国民经济和社会发展统计公报》，国家统计局

8．历年《电力监管年度报告》，国家电监会

9．历年《南方电监局年度监管报告》，南方电监局

10．历年《华东电监局年度监管报告》，华东电监局

11．《改革开放三十年统计资料汇编》，国家统计局

12．《新中国六十年统计资料汇编》，国家统计局

13．《改革开放三十年的中国电力》，中电联

14．《能源数据手册》，国家能源局

15．历年《电力监管统计资料汇编》，国家电监会

16．历年《电力监管统计数据分析手册》，国家电监会

17．历年《电力工业统计资料汇编》，中电联

18．历次《电力工业统计月报》，中电联

19．历年《中国电力工业统计数据分析》，中电联

20．历年《中国电力行业年度发展报告》，中电联

21．《全国无电地区、无电人口有关情况监管报告》，国家电监会

22．历年《电力安全监管报告》及《电力安全生产情况通报》，国家电监会

23．历年《电价执行情况分析报告》，国家电监会

24．《跨区跨省电能交易检查情况通报》，国家电监会

25．《跨省跨区通道电能交易价格监管报告》，国家电监会

26．《电力消费与经济周期》，国家电监会（吴疆）

27．《发电小时数四谈》，国家电监会（吴疆）

28．《电力消费与宏观经济相关性的国际对比研究》，国家电监会（吴疆）

29．《2008，电力危机与应变》，国家电监会（吴疆）

30．《我国用电量季节特性的研究与应用》，国家电监会（吴疆）

31．《中国式的电力革命（2012深化电力体制改革白皮书）》，国家电监会（吴疆）

32．历年《BP世界能源统计》，BP公司

33．历年《国际能源与电力统计手册》，国家电网公司

34．历年《世界能源与电力发展状况分析报告》，国网能源研究院

35．历年《国际能源与电力价格分析报告》，国网能源研究院

36．印度730-731大停电事故报告，南方电网公司

37．关于印度发生大面积停电事故的汇报，国家电网公司

38．印中两国电力工业发展比较及启示，国家电网公司

39．印度电网大面积停电考察报告，国家电监会

图表索引

表格索引